零基础也能编程

——一学就会的 Scratch 实操指南

刘依婷——编著

湖南少年儿童出版社 · 长沙
HUNAN JUVENILE & CHILDREN'S PUBLISHING HOUSE

图书在版编目（ＣＩＰ）数据

零基础也能编程：一学就会的 Scratch 实操指南 /
刘依婷编著 . — 长沙：湖南少年儿童出版社，2024.5
ISBN 978-7-5562-6983-9

Ⅰ . ①零… Ⅱ . ①刘… Ⅲ . ①程序设计 – 青少年读物
Ⅳ . ① TP311.1-49

中国国家版本馆 CIP 数据核字 (2024) 第 044257 号

零基础也能编程 —— 一学就会的 Scratch 实操指南

LINGJICHU YE NENG BIANCHENG —— YI XUE JIU HUI DE Scratch SHICAO ZHINAN

出 版 人：刘星保　　　　总 策 划：周　霞
策划编辑：罗晓银　　　　责任编辑：罗晓银
封面设计：仙境设计　　　排版制作：嘉伟文化
质量总监：阳　梅　　　　营销编辑：罗钢军

出版发行：湖南少年儿童出版社
地　　址：湖南省长沙市晚报大道 89 号　　邮　　编：410016
电　　话：0731-82196320
常年法律顾问：湖南崇民律师事务所　　　柳成柱律师
印　　制：长沙新湘诚印刷有限公司
开　　本：787 mm × 1000 mm　1/16　　印　　张：12.75
版　　次：2024 年 5 月第 1 版　　　　　印　　次：2024 年 5 月第 1 次印刷
书　　号：ISBN 978-7-5562-6983-9
定　　价：68.00 元

目 录

4 制作一个游戏

1 欢迎走进 Scratch

欢迎来到 Scratch 编程基础课！Scratch 是一个帮助你创建互动程序的网页工具。使用 Scratch 不需要手动编写代码，而是用彩色的代码块进行编辑，以实现编程的功能。

Scratch 由美国麻省理工媒体实验室终身幼儿园组开发。

开发者期望启发和激励用户通过操作 Scratch，在愉快的环境下学习程序设计、数学以及计算机知识，同时获得创造性思考、逻辑编程和协同工作的体验。

这本书带我们走进 Scratch 基础知识。我们会讨论如何建立角色、转换背景、增加装饰等。我们也将学习如何使用不同种类的代码块来控制角色的运动、声音等，从而培养 Scratch 创作里需要的编程逻辑。

在学习了一系列 Scratch 编程基础后，我们将会把所学的编程知识放在一起，运用其制作一个游戏。

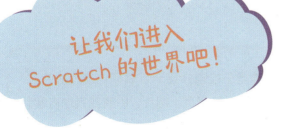

让我们进入
Scratch 的世界吧！

1.2 你需要知道的

我们首先来了解一下进入这节课之前应该要知道的事情。

在进入正式编程学习之前，你应该对于使用网页浏览器有一定的了解，包括如何在浏览器里点击链接以及如何通过输入域名进入一个网址。

▶ 在网页浏览器的上方，有域名输入区域（即地址栏）。

网页浏览器是一种用于检索并展示互联网信息资源的应用程序，这些信息资源可以是网页、图片、影音或其他内容。

▶ 输入 scratch5.com 进入 Scratch 的网页。

▶ 同时大家应该熟悉名词"应用程序"，我们会经常看到它被简写为 APP。在这本书中提到的应用程序包括游戏、互动故事、数字玩具等。

▶ 最后，我们应该知道，Scratch 是一个专门为少年儿童开发的基础编程工具。大家不用担心自己是否能够掌握，大家一定可以创作出自己喜欢的作品！

Scratch 上手

2.1 什么是 Scratch？

到底什么是 Scratch 呢？

Scratch，简单来说，就是一个帮助你开发应用程序的工具。在 Scratch 中，你将使用图形编辑器，而不是传统的代码。而这些被开发的应用程序可以是动画、游戏、互动故事，或者数字工具。

让我们来看一个范例。首先请在浏览器地址栏中手动输入 scratch5.com 并打开网站，进入 Scratch 官方首页。在官方首页中，有"最新作品""热门作品"等系列。

▶ 点击"最新作品"中的任意作品，进入页面并等待加载。

▶ 点击作品中的绿色旗子，观察范例作品。

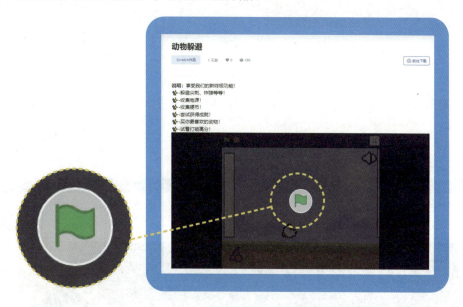

▶ 主页往下滑还有更多范例作品，供大家学习、分享与交流。

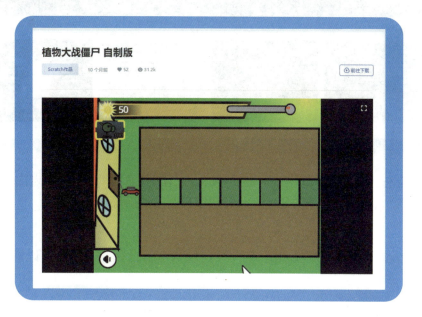

▶ 为了在 Scratch 中制作自己的项目，你需要注册一个 Scratch 账户，账户注册的按钮在官方首页的右上方。

2.2 第一个项目

如果网页右上角出现刚刚注册的用户名，这意味着现在已正式登录进入 Scratch，可以开始创建新项目了。

▶ 通过点击上方的"创作"按钮，进入 Scratch 的开发界面。也可以点击"Scratch 离线版"，下载并安装 Scratch 软件在电脑里使用。

▶ 在 Scratch 界面的右上角，有一个白色方形舞台区域，中央可以看到初始角 色 —— 一只猫。

▶ 这部分也是主要工作区。如果将这个作品保存并上传，让其他人看或者使用的 话，这是能被看见的部分。

▶ 现在这只猫不能做任何事情，因为还没有赋予它任何的行为与互动。其他用户现在只能看到一只猫。

仅有这个工作区是除了编辑者以外其他人也能看到的部分，同时也是在制作程序过程中进行测试的区域。

点击绿色旗子便可以在制作程序过程中进行测试，这个在本书的后面部分会讲到更多。

▶ 在 Scratch 中进行任何代码编辑后，通过点击绿色旗子启动程序，都会在舞台上出现相应效果。

▶ 舞台的下方，也就是整个 Scratch 界面的右下方，是设置与添加角色的地方。

一个角色由一张图片构成。现在角色栏中间的猫在项目制作中被定义为"角色 1"。

我们也可以添加新的角色，这样添加的新角色也会出现在舞台中间。

在 Scratch 界面的左边，有很大的编辑区。它是我们编辑代码、设计程序的工作区。

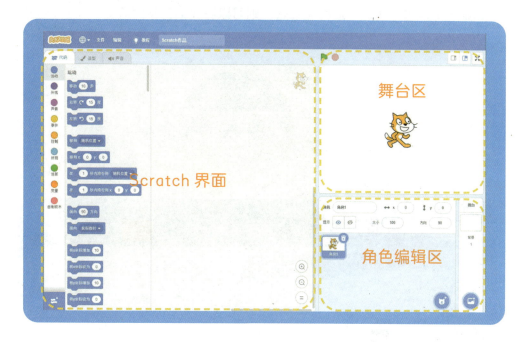

代码编辑区的左上角，有几个不同的标签，包括"代码""造型"和"声音"。

▶ 这些标签代表编辑区可以编辑的三个维度。初始设定是对于代码块组合进行编辑的"代码"标签。

▶ 如果选择点击不同的"造型"标签，则可以看见猫的不同造型。

在动画术语里，这些同样的角色的不同造型被称为"帧"。

如果点击第二个造型，
会出现猫走路的动作，这
是新的一帧动作。

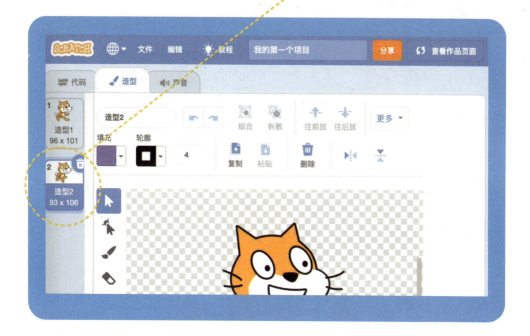

 快速来回点击"造型1"与"造型2"，
会有猫在走路的感觉。

▶ 点击不同的标签，将会出现有差异的编辑内容。试试在左上角点击选择"声音"标签。

▶ 当选择"声音"标签，你将得到一段初始录音。Scratch 提供了一些编辑音效的选项，包括"快一点""慢一点""渐强""渐弱"等。通过这些选项，可以对原本的录音进行修改，成为新的声音效果。

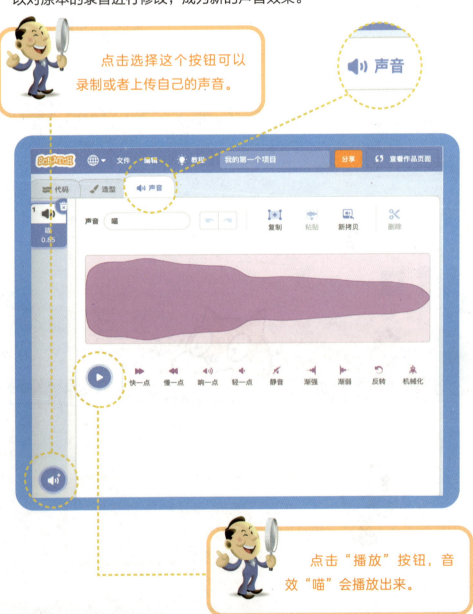

点击选择这个按钮可以录制或者上传自己的声音。

点击"播放"按钮，音效"喵"会播放出来。

再回到"代码"标签中，它是编辑的主要标签。

之后会讲很多"代码"标签中的细节，现在需要了解的是"代码"标签是为应用程序编辑动画与互动的地方。

你可以通过点击代码块来测试代码能做什么。

比如，测试"移动 10 步"代码块。

▶ 首先确定选择了"角色 1"。可通过被蓝色方框框住来确认现在是对于"角色 1"的操作。

角色1

角色   角色1   ↔ x   0   ↕ y   0

显示   👁 ⦸   大小   100   方向   90

角色1

▶ 再在代码区找到"移动 10 步"代码块。

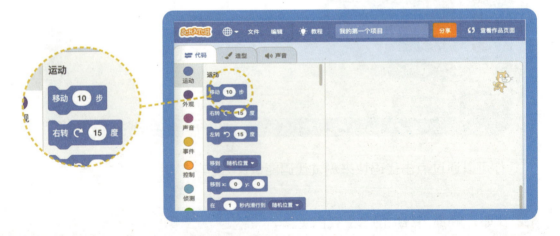

如果想要测试"移动 10 步"代码块，只需要点击一下代码块，舞台中猫会向前移动 10 步。

每点击一次"移动 10 步"代码块，舞台中猫都会相对应地往前移动一次。

现在可以点击别的代码块，试试猫在舞台中会有什么变化。

这就是我们的 Scratch 操作界面。

右边上方是舞台，下方是角色与背景的选择区。左边有不同的标签，可以编辑代码、造型和声音。

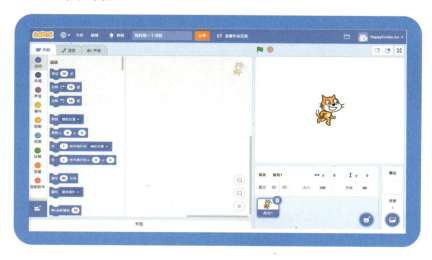

让我们继续了解更多 Scratch 的奇妙之处吧！

2.3 背景

这一小节将学习为应用程序转换背景。首先打开一个新的项目,命名为"背景"。

▶ 先点击页面上方"文件",再从下拉选项中点击"新作品"。

▶ 在页面上方选项中找到"保存"按钮并点击,修改项目名称为"背景"。

每学习一个新的知识点时都需要建立新作品并点击"保存"按钮进行命名。这样方便找到和回看自己的每一个作品。

▶ 此时右边舞台中间出现"角色1"的猫，在舞台下方角色栏里，"角色1"被蓝色方框框住，代表"角色1"被选中。

▶ 在角色栏的右边，可以看到"舞台"栏以及下方白色的"背景1"。

▶ "背景1"选项控制舞台中的背景显示。在初始设定中，"背景1"是纯白色的图片，因此舞台中也是白色的背景。

如果需要更换舞台的背景，首先需要选中"背景 1"。同时请注意在页面左上角的三个标签中，"造型"标签被"背景"替换，三个标签变成了"代码""背景"与"声音"。

因为选择了背景，可使用的代码块也发生了改变——"运动"类代码块无法使用；很多其他代码块也无法使用或者发生变化。

点击左上方"背景"标签，会去到一个有意思的页面。

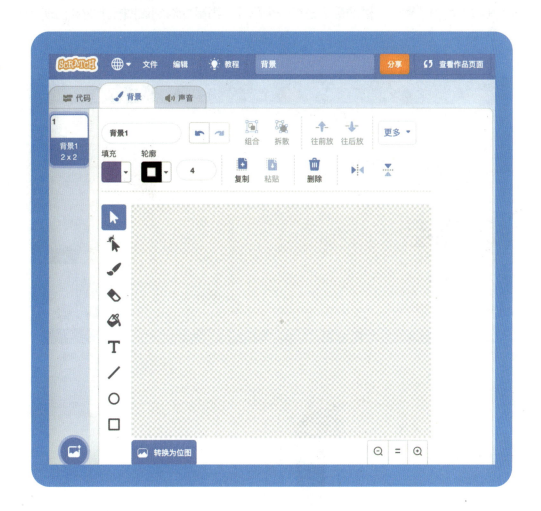

那么，如何创建一个新背景呢？

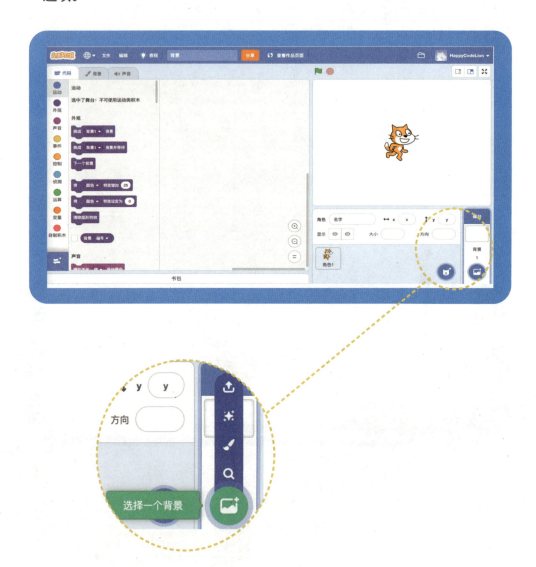

在右下角的"舞台"栏的最下方有一个图标，当鼠标滑到该图标上时会出现几个选项。

图标的初始设置是从 Scratch 系统中"选择一个背景"。

▶ 除了初始图标外，新建背景的四个图标选项包含"上传背景""随机""绘制"以及"选择一个背景"。

▶ 上传背景：从电脑本地上传以jpg/jpeg、png 结尾的图片文件。

▶ 随机：随机出现一个图片作为新的背景。

▶ 绘制：创建新的空白背景并自己开始绘制。

▶ 选择一个背景：从 Scratch 系统中选择一个新背景。

▶ 现在，进入"选择一个背景"，页面跳转到 Scratch 自带的背景选项。在页面上方的选项中，可以选择自己喜欢的背景种类，比如"奇幻""音乐""运动"等，下面就会出现相应的背景图片。

▶ 向下拉动页面，选择并点击喜欢的背景图片。例如，选择"Bedroom1"后，会回到之前的舞台编辑页面。

如果这时看左边的背景列表，你可以看到这时已经有两个背景，"背景 2"即刚刚选择的"Bedroom1"。

 如果这时点击"背景 1"，舞台的背景也会回到"背景 1"的样子。

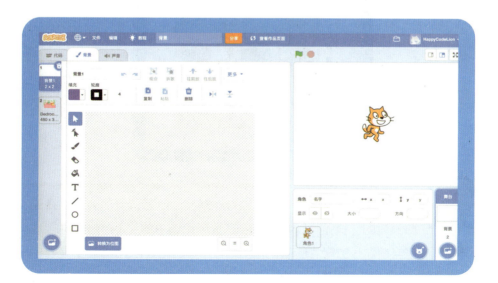

▶ 如果确定使用"背景 2"也就是"Bedroom1 ",并想删除"背景 1",则先选中"背景 1"。

点击蓝色方框右上角的删除选项,"背景 1"就会从背景列表中删除。

▶ "Bedroom1"也就变成了当前唯一的背景选项。

在"背景"标签下,左边有一条显示所有背景的列表。在删除预设的"背景 1"后,刚刚在资源库选中的"Bedroom1"成了当前唯一的背景选项。

▶ 如果在舞台区中点击并拖动角色，角色会根据鼠标的拖动而变换位置。

▶ 但在舞台区中点击并拖动背景，背景不会移动。因为背景是一个在后台静止的选项。

 注意在舞台区中选中猫并移动后，左上方标签页变成了"造型"。因此当点击角色时，属于该角色的标签页会出现。

▶ 如果希望回到"背景"的标签页，则选中页面右下角"舞台"栏的"背景1"。

在游戏中，角色是一个图形化的资源。就像舞台上的猫一样，Scratch 中的角色是一个图像。

角色在 Scratch 中是基础存在，代码可以控制角色的行为与反应。

无论是游戏、动画，还是其他形式的应用程序，编程活动通常都是围绕角色展开的。

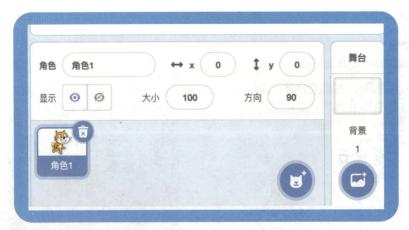

| 角色 | 角色1 | ↔ x | 0 | ↕ y | 0 | 舞台 |
| 显示 | ◉ ∅ | 大小 | 100 | 方向 | 90 | |

角色1

背景
1

舞台的下方会列举出这个文件中的所有角色。在 Scratch 的进入界面，我们看到的初始角色是名为"角色1"的猫。

如果希望添加新角色，则将鼠标移到
添加图标上，会有四个选项供选择。

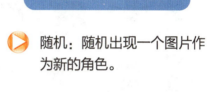

上传角色：从电脑本地上
传以 jpg/jpeg、png 结尾
的图片文件。

随机：随机出现一个图片作
为新的角色。

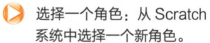

绘制：创建空白画布并自
己开始绘制角色。

选择一个角色：从 Scratch
系统中选择一个新角色。

这四个选项的用法与创建新背景类似。

▶ 点击"选择一个角色"并进入 Scratch 的角色库中。角色库的内容比背景选项更多。选择"动物"系列，并找到"Cat 2"。

▶ 点击选择"Cat 2"，现在舞台上有了两个角色。你可以用鼠标点击移动这两个角色，任意摆放它们的位置。

现在如果想要让这两个角色面对面，看看如何操作。

将 "Cat 2" 移动到舞台中间靠右边的位置，并将 "角色1" 的猫拖到 "Cat 2" 的左边。

请注意左下角的角色选择。
当你在舞台中用鼠标移动角色位置时，蓝色方框会选中你在舞台中选择移动的角色。

操作结束后，点击舞台右边的角色2，并确认角色栏中蓝色方框落在角色2上，此时角色区域显示 "Cat 2"。

在角色栏的选项中找到"方向"并点击，就会出现方位表。

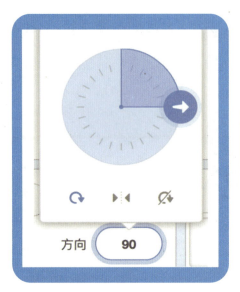

初始设置方向为 90°，朝向右边。拖动方位表中的箭头并旋转，观察舞台中角色的变化。

在方位表的下方有三个选项，从左到右分别代表"任意旋转""翻转旋转"以及"不旋转"。

▶ 拖动方位表中圆盘的方向键进行旋转，观察角色在舞台中的变化。

▶ 最后选择"任意旋转"按钮，再拖动箭头至圆盘最左边，此时方向框中显示数字"-90"。

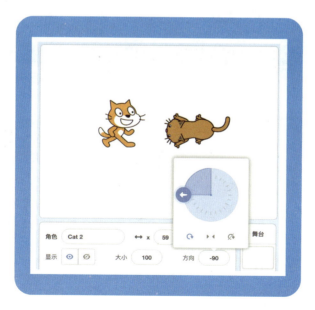

▶ 如果熟悉角度变化的话，你也可以直接在方向框中修改数字。

▶ 你会注意到角色栏中的"显示"选项。两个图标选项分别代表"显示"与"不显示"。两个选项中自动标记第一个选择"显示"。

显示 / 不显示

如点击"不显示"选项，该角色会在舞台中消失。这个选项可以在你想暂时隐藏该角色时使用。

▶ 如果需要该角色回到舞台，只要再选择左边的"显示"图标即可。

在角色栏中，可以修改角色的名称。选择"角色1"并找到角色选项中"角色1"的文本输入框。选择文本输入框，删除原有文字，并输入"猫"。

在文本输入框中，可以按照自己的想法修改角色的名字。

角色 　猫

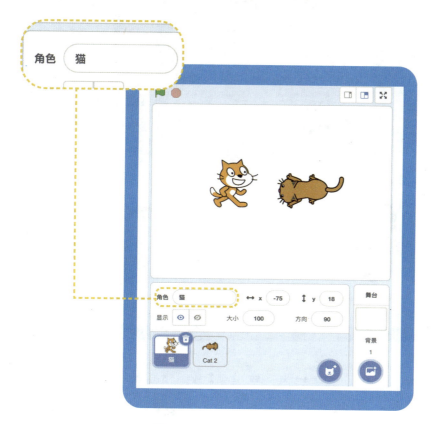

注意：所有的编辑都是基于蓝色方框选中的角色。

请用同样的方法修改另一个角色的名字。

首先，选中另一个角色。然后，改变角色"Cat 2"的名称，并输入"Cat"。

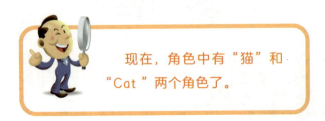

现在，角色中有"猫"和"Cat"两个角色了。

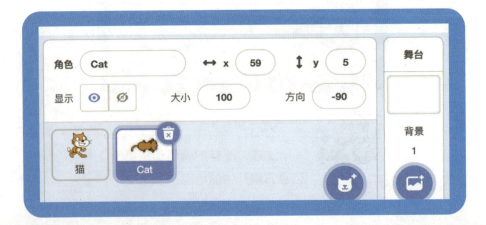

▶ 在初始设置中角色"猫"比角色"Cat"大一些，如果想要角色"猫"比角色"Cat"小要如何操作呢？可以选择角色"猫"，并在角色栏中修改"大小"选项中的数字。初始数字为 100，尝试分别输入 20、50、400，看看有什么变化。

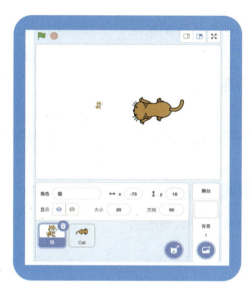

▶ 最后调整角色"猫"大小为 20，调整角色"Cat"大小为 200。

▶ 现在可以在舞台中看到一只小猫和一只大猫。

2.5 矢量绘图

绘图功能可以被应用在背景和角色上。

比如，如果要给猫画上鞋子，应该如何操作呢？

▶ 首先确认选择角色"Cat"，然后点开页面左上角的"造型"标签页。

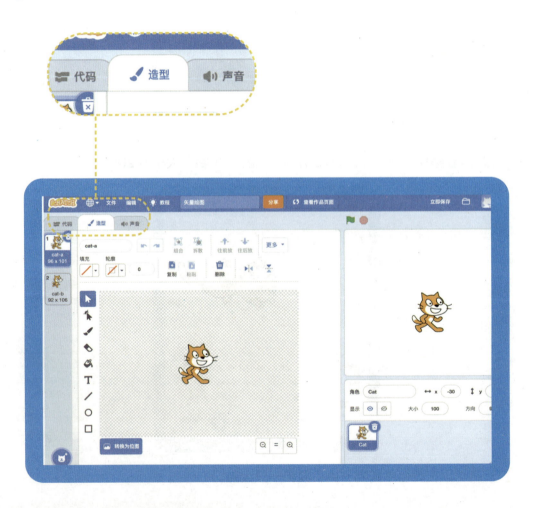

▶ 此时"造型 1"与"造型 2"被列举在左上方，并且"造型 1"被蓝色方框选中，
  点击猫图片的右下角"放大"按钮。

缩小 / 放大

▶ "造型 1"中的角色在位图上被放大。

什么是矢量图和位图？

矢量图是用形状来画图。而位图是另一种绘图模式，它的单位是像
素。像素是电脑屏幕制作和显示图片使用的小正方形单位。在电脑上有
上百万的小像素，除非把它放大到非常大，一般情况下无法注意到它。

现在可以用矢量图绘制模式，为猫绘制一双鞋子。

首先选择左边绘图工具栏中的"椭圆"选项（在下图中已被选中）。
在绘图区域中点击并移动鼠标，可以按照拖动的比例绘制出椭圆。

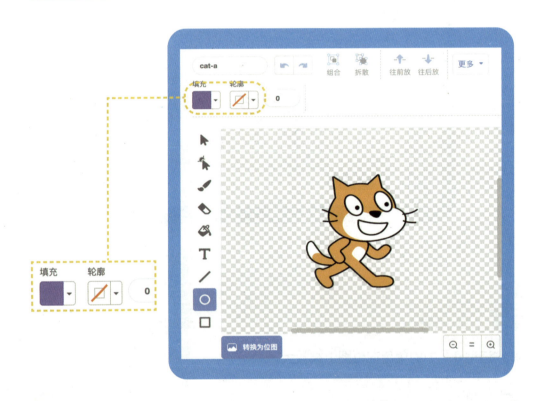

▶ 注意左上方的"填充"和"轮廓"选项。点击下拉键可以进行颜色选择。

▶ 也可以选择无色。如果"填充"与"轮廓"同时选择无色，则会导致无法看到绘制出来的形状。

▶ 如果在绘制时按住键盘上的"shift"键，则可以绘制出圆形。

▶ 在"填充"中选择紫色，并在"轮廓"中选择绿色。

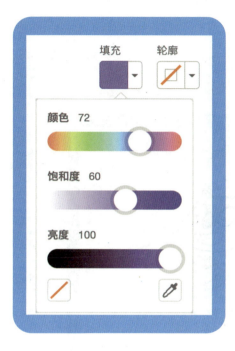 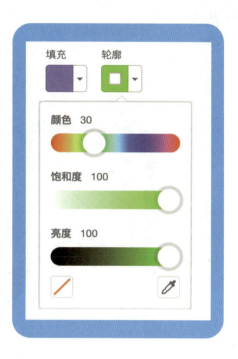

▶ 点击页面任意处，即可开始绘图。"轮廓"右边的数字框控制了轮廓的粗度，改变数字可以改变轮廓的粗细。

 点击猫右脚的左边，按住并移动鼠标直到绘制出的椭圆盖住猫的右脚部分。

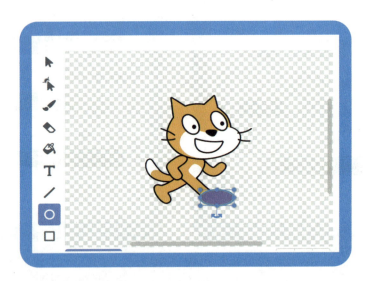

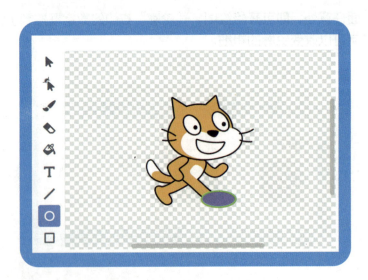

左脚的鞋可以先在左脚处绘制同样的椭圆。椭圆绘制好的同时，底部会出现旋转指示，鼠标点击旋转按钮并旋转、移动至盖住猫的左脚。

如果需要对鞋子做修改，则选择工具栏中的"鼠标"。此时点击图片中的各处都会出现相应的矢量修改选项。

▶ 这时舞台中的猫穿上了美丽的鞋子。

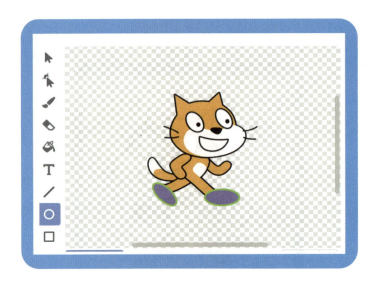

▶ 绘图工具还有很多，在绘图区左边竖位排列。

▶ 点击"线条"工具，并在数字框中输入"5"，改变线条宽度。

线条 - - - - -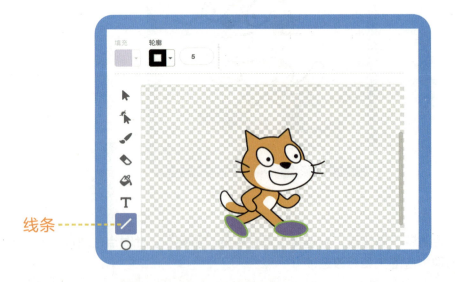

 在绘图区域中使用鼠标左键点击并移动，为猫画上牙齿。

操作方法：
在猫的嘴巴左边靠近嘴角处按住鼠标左键并向右边拖动鼠标，线条出现。移动鼠标直到黑线停在猫的嘴巴右边，再松开鼠标左键。

操作方法：
使用同样的画线操作方法，在猫的嘴巴内画上3根竖线。这样，猫的牙齿就绘制好啦。

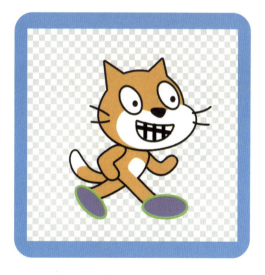

▶ 选择"画笔"工具，移动鼠标并绘制任意线条效果。

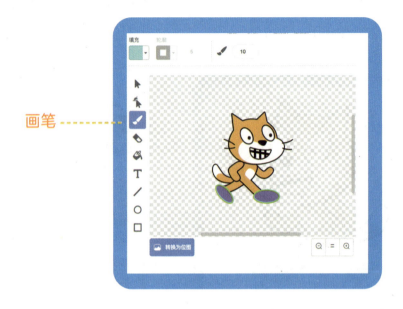

画笔 ------

调整填充颜色　调整画笔大小

试一试：在猫的周围画一圈尖角，为角色造型绘制一个闪亮效果。

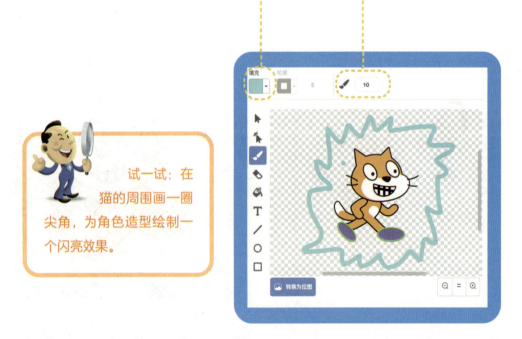

● 如果不是很喜欢这个效果，可以通过上方"返回"选项取消上一步操作。

返回／取消返回

尝试再点击"返回"选项，发现之前绘制的猫的牙齿也被取消。再尝试点击"取消返回"选项，猫的牙齿又会出现。

● 这些操作可以让你在用电脑矢量绘图时，相比普通绘图工具，在绘制上更准确。

▶ 当选择"变形"工具时，可以回到绘图区域点击选中猫的任意矢量形状。

选中鼻子后，控制鼻子的点位出现

变形

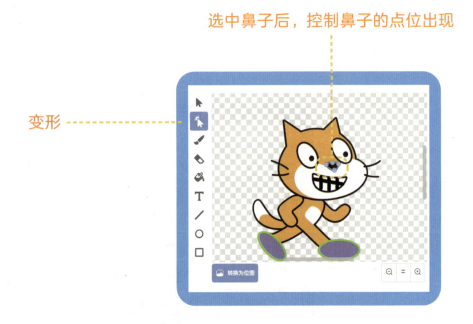

▶ 选中猫的鼻子，然后点击选中鼻子矢量上的一个圆点并往右边拖动。这样操作后，猫就有了一个非常长的鼻子。

舞台中也可以看到角色造型的变化。

重新回到"选择"工具，可以看到绘图区域上方工具栏有"水平翻转"与"垂直翻转"两个选项。

选择

水平翻转 / 垂直翻转

"水平翻转"可以左右翻转角色图像；"垂直翻转"可以上下翻转角色图像。

 依次点击"水平翻转"与"垂直翻转"，看看分别会发生什么变化，理解翻转角色的含义。

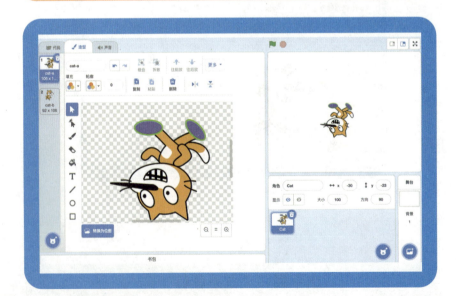

接下来学习如何修改角色造型，比如更改颜色。

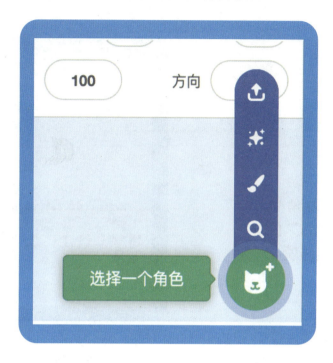

首先，在 Scratch 页面右下角，创建一个新的角色。

进入资料库，选择"Bananas"。

▶ 现在，一串香蕉出现在舞台中。

▶ 将角色"Bananas"移动到舞台中合适的位置，然后给香蕉更换形象。

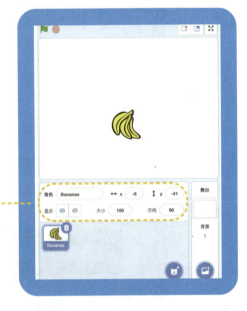

此区域为角色
"Bananas"的
角色设定选项

▶ 首先将香蕉放大。在角色栏中"大小"处输入数字"150"。

角色选项中的"大小"控制角色在舞台中呈现的大小，初始值为100。
修改为150相当于将角色放大为初始状态的1.5倍。

▶ 点击页面左上角"造型"标签，进入更改角色造型的页面。

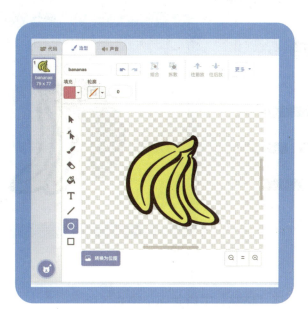

▶ 在矢量绘图中，选择"填充"工具。

颜色选项 - - - - - -

填充 - - - - - -

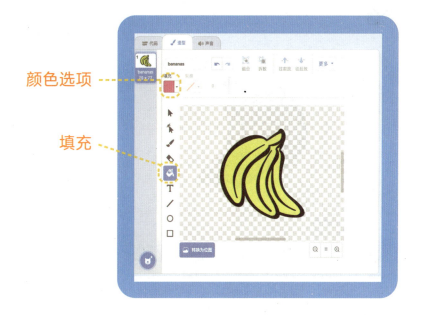

▶ 左右移动"颜色"滑块，按照图片调整填充颜色为"棕色"。

 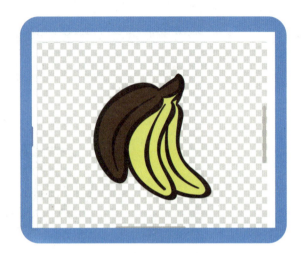

▶ 确定好颜色，选择"填充"工具并逐个填充香蕉。

▶ 现在页面中出现了一串棕色香蕉，修改完成了。

Scratch 代码

"代码"赋予应用程序生命。在本章中将学习如何运用 Scratch 中的代码。

代码可以将运动赋予到角色上；可以在点击鼠标或按键盘时回应一个事件；也可以添加声音效果。这就是代码如何赋予应用程序生命。

▶ 为了将代码应用到自己的应用程序中，首先需要进入代码标签。

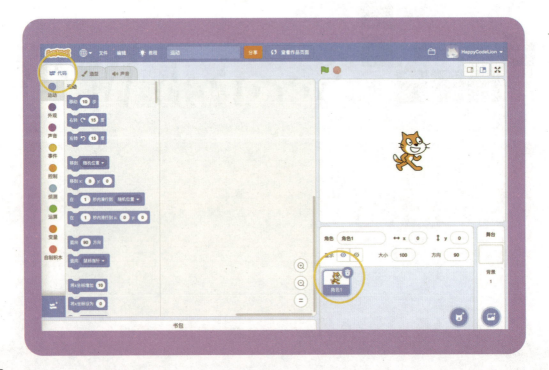

▶ 注意选中需要被代码控制的角色。

▶ 在代码标签中，可以看到代码块被分成了不同的种类。

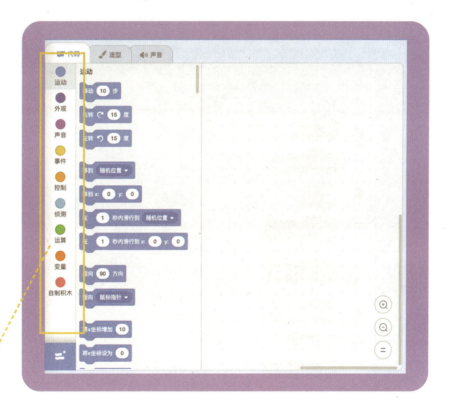

为了在使用代码时更方便找到不同功能的代码块，
Scratch 将所有可使用的代码块分为 9 类，列在代码区的左边。

每个种类下的代码块会负责一种类型的控制。将它们叠加或组合在一起，可以赋予角色定义与活动。

代码列表的右边空白处就是代码工作区，所有需要用到的代码块将被放置在工作区并组合起来，最终形成可以工作的应用程序。

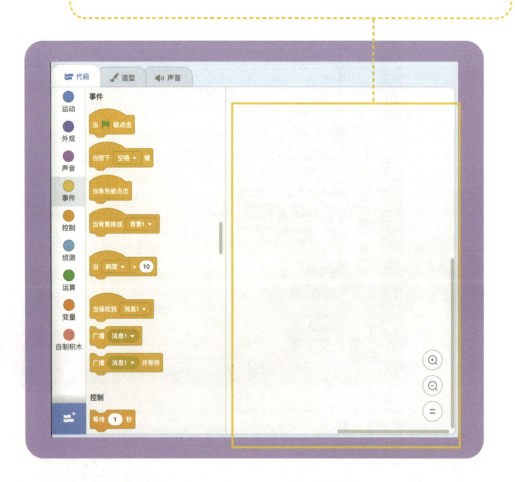

▶ 通常，一串代码由"事件"开始。

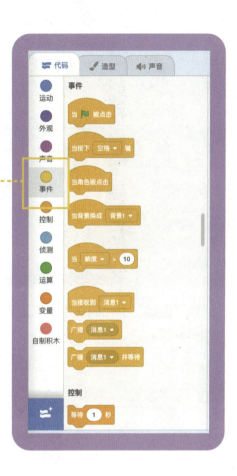

点击选择"事件"选项，
跳转至"事件"类代码块。

▶ 选择拖动"当 🏳 被点击"至空白工作区。

▶ "当 🏳 被点击"代码块的意思是：当点击绿色旗子"运行"时，"当 🏳 被点击"下面连接的代码会立马启动。

▶ 回到"运动"类代码块中。"运动"选项中的代码块主要控制被选定角色的移动与旋转。

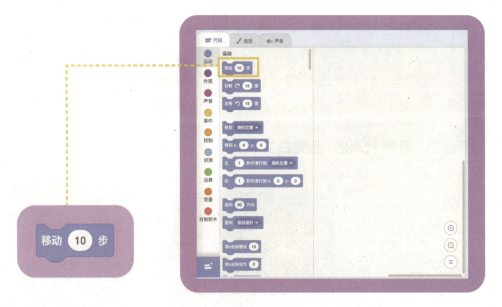

▶ 选择并拖动"移动10步"至工作区的任意位置。

请注意"运动"类代码块上方有一个小凹槽，这个凹槽与之前放至工作区的"事件"代码块下方的凸起能够整齐地对上。

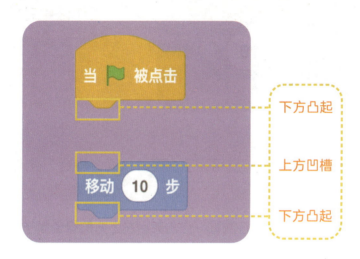

下方凸起

上方凹槽

下方凸起

点击拖动"移动 10 步"代码块至"当 ▶ 被点击"下方附近时，会看到两个代码块中间出现灰色阴影。这时松开鼠标左键，"移动 10 步"代码块便会嵌入上方代码块。

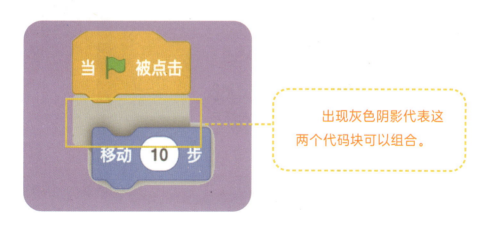

出现灰色阴影代表这两个代码块可以组合。

▶ 这样，一个代码组合就完成啦。

工作区中完整的
代码组合

　　工作区的代码组合会定义应用程序，而舞台区会将这个被定义的应用程序
呈现出来。

▶ 如果要对这个代码组合进行测试，点击舞台左上方的绿色旗子"运行"，并观
察舞台中的变化。

▶ 你会发现这时舞台中的角色向右移动了。每点击一次绿色旗子，角色都会移动。

　　恭喜，现在你成功做出第一个可运动的程序了。

64

▶ 事实上，你可以将不同的运动方式一起应用到程序中。

试一试：使目标角色向特定方向移动。

▶ 先找到"运动"中方向的代码块。

▶ 选择"面向 90 方向"代码块，移动至工作区。然后将这个代码块移动放置在"移动 10 步"下方。

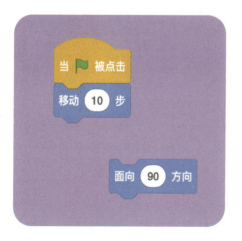

▶ 现在当你启动应用程序（点击绿色旗子）时，角色会移动并面向 90° 方向。

▶ 事实上，90° 方向也就是右边，角色的初始设定就是面向右边，所以没有变化。

▶ 如果你想让角色面向不同的方向，则需要将代码块中的"90"改为其他的数字。现在点击代码块的白色部分的"90"，会出现方位表。

初始设定为 90°方向
的方位指向

可以转动指针或者修
改数字改变方向

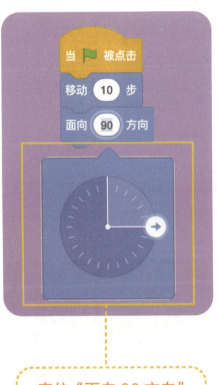

定位"面向 90 方向"
的方向表

注意转盘与代码块中
数字相应的改变

▶ 转动方位表中的箭头，调整到你希望角色转向的方向。调整好后，点击工作区中的任意空白处，隐藏方位表。

新的代码组合完成了。此时启动应用程序，角色会根据代码组合的定义来行动——移动并转换方向。

但是在程序运行过程中，你并没有看到角色先移动 10 步，停下，再转换方向。

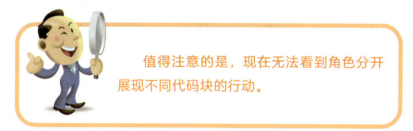

值得注意的是，现在无法看到角色分开展现不同代码块的行动。

▶ 但事实上，角色的行为都由代码组合中代码块的排列顺序来决定。在程序启动后，程序会迅速进行计算让角色按决定好的顺序做出行动。

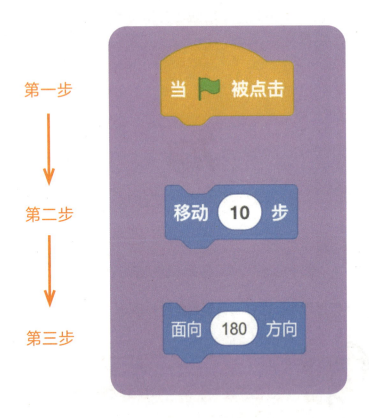

第一步

第二步

第三步

　　在程序计算中，角色按照代码块的排列顺序，首先向前移动 10 步，然后再朝下方旋转。

▶ 完成所有计算只需要非常短的时间。计算完成后舞台刷新，在舞台中看到的是代码组合计算完成的结果。

试一试：在代码组合中重新排列代码块。

▶ 当你想要调整角色行动的顺序，或者感觉角色目前的行为不符合自己的设计预期，这时便需要重新排列代码块的顺序。

▶ 首先，选择并移动"面向 180 方向"至工作区中的空白处，然后再选择并移动"移动 10 步"至另一个空白处。

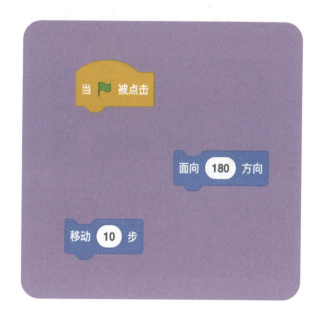

小贴士：在一个代码组合中，如果你移动下方的代码块，则它会与它上方的代码块断开连接。而如果你移动上方的代码块，则它会连带它下方所有组合代码块作为一个整体一起移动。

▶ 接着，移动"面向 180 方向"并让它拼接在"当 ▶ 被点击"的下方。

▶ 再将"移动 10 步"选中并拖动，拼接在已有的代码组合下方，组成新的组合。

▶ 这时，当程序启动时，会首先计算方向，再进行位置移动。试一试点击绿色旗子，
看看并对比重新排列代码块的区别吧。

▶ 用同样的组合方法，试一试更多的"运动"代码块。观察它们会为角色带来怎
样的计算结果。

"外观"种类的代码可以用来改变角色的外观。

"外观"类代码块：包括外观类命令代码块和相关的数据代码块。该类代码块可用于角色和舞台，使它们执行变换背景、颜色、形状、大小等外观类的操作。

你可以应用说话气泡让角色说话，或者用思考气泡让角色看起来在思考；可以让角色显示或者隐藏；可以改变角色的外观造型、颜色，或者整个舞台背景。

▶ 首先点击"选择一个角色"，进入 Scratch 角色资源库。找到"动物"种类，点击"Chick"。

删除原本的角色"角色1"；
修改"Chick"角色名为"小鸡"
并选中角色"小鸡"。

试一试：让小鸡发出"叽"的叫声。

▶ 进入代码种类"事件"，并将"当角色被点击"移至工作区。

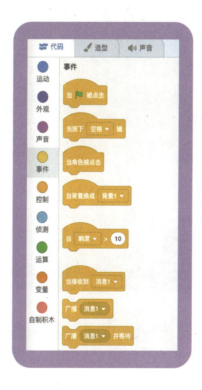

▶ "当角色被点击"的意思是：当点击特定的角色时，这个代码块下面连接的代码组合会启动计算。

回到"外观"种类，寻找合适的代码块。

选择并移动"说你好！2秒"代码块与"当角色被点击"代码块组合。

小贴士："说你好！2秒"与"说你好！"的区别是什么呢？应用"说你好！"，说话气泡会出现在舞台上，并且一直停留。"说你好！2秒"代码块让说话气泡只出现2秒，随后这个说话气泡会消失。

▶ "2秒"在代码块中代表了停留的时间。同时数字也可以被修改，比如修改成5秒，那么触发计算时，说话气泡会停留5秒。

▶ 同时"说你好！2秒"是一个带有时间长度的代码块。也就是说如果这时在下方加入别的代码块时，下一个行动会等说话气泡消失后才出现。

▶ 现在到"运动"中，选择"移动 10 步"并拼接到"说你好！2 秒"的下方。

▶ 在舞台中点击角色，可以注意到角色会等说话气泡消失了再发生移动。

在"说你好！2 秒"的白色文字框中可以对说话气泡的内容进行修改。

▶ 将"你好！"从白色文字框中删除，并输入"叽"。再修改时间为"1 秒"。

▶ 这时点击舞台中的角色，每次点击角色时都会出现时间为 1 秒的"叽"的说话气泡。

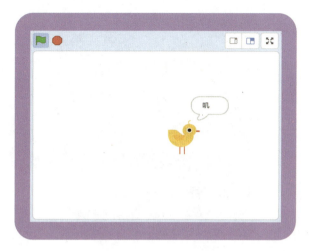

▶ 现在试试设定角色"小鸡"被点击后先说"叽"1 秒，再移动。

▶ 打开"外观"标签。在"外观"标签下，可以看到有的代码块类似刚刚使用的"说话"代码块。比如"思考"代码块。

试一试：将"思考 嗯……2 秒"拼接到"移动 10 步"的下方，再将"2 秒"改为"1 秒"。

▶ 这时点击角色，会发现角色"小鸡"先说"叽"，然后移动，最后思考。

▶ 使用"外观"标签，还可以改变角色造型、物体的颜色等。

试一试：移动"将颜色特效增加25"至代码组合中。

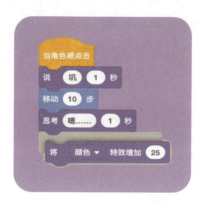

▶ 观察变化。在原有的事件发生后，角色"小鸡"的颜色发生改变。现在变成了一只绿色的小鸡。

▶ 此时，如果对这个颜色不满意，可以返回到普通颜色。

▶ 将"说你好！2秒"拼接到组合中。

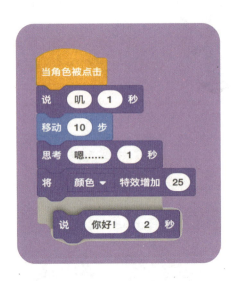

▶ 将"你好！"的文字删除。

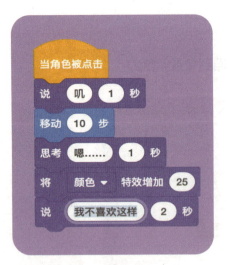

▶ 输入"我不喜欢这样"，把
时间改为1秒。

在代码块列表中找到"清除图形特效"并拖动至工作区，加入代码组合下方。

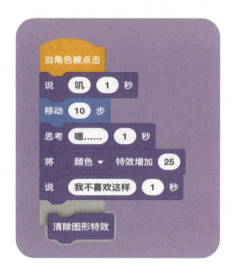

这样组合代码，角色"小鸡"会在变化后回到原来的颜色。

▶ 在代码块列表中，有两个与改变颜色效果相关的代码块："将颜色特效增加25"与"将颜色特效设定为0"。

▶ 因此在现在的舞台中，角色"小鸡"会初始设定为绿色，再一次启动效果"将颜色特效增加25"后，角色会变成另外一个颜色。

试一试：根据现在的代码组合，角色"小鸡"会发生什么变化？

▶ 再点击角色"小鸡"，验证你的推断。

每一个程序编写的步骤都是：
分析需求—设计代码—组合代码块—验证。

▶ 另外，"将颜色特效增加 25"的"颜色"中有一个下拉选项。

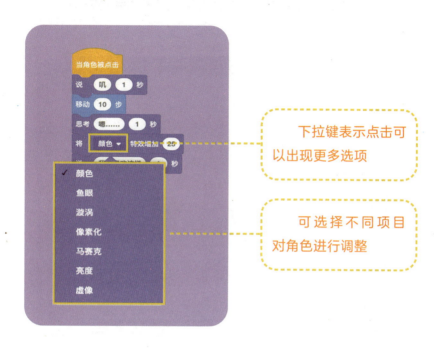

下拉键表示点击可
以出现更多选项

可选择不同项目
对角色进行调整

▶ 点击下拉选项，并选择"像素化"。

▶ 根据现在的代码组合，角色"小鸡"会显示像素化效果，在说完"我不喜欢这样"后，再执行"清除图形特效"，之后像素化效果就会消失。

▶ 现在点击角色"小鸡"，感受这个代码组合带来的效果吧。

"事件"种类的代码，可以让你对多余的空格事件做出反应。

比如"当 🚩 被点击""当按下空格键""当角色被点击"等都是"事件"类代码。用这些事件作为代码组合的开始，你才可以为应用程序添加角色的活动与反应。

▶ 试一试"事件"类代码的呈现效果：当按下键盘上的方向键时，舞台中的瓢虫会移动。

▶ 首先选择一个角色，并修改角色名为"瓢虫"。

▶ 方向键有上下左右四个控制键。

▶ 选择并拖动四次"当按下空格键"代码块。

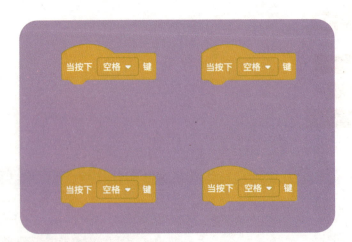

点击下拉选项把四个事件代码块中的按键修改为"↑""↓""→""←"。

▶ 打开"运动"种类代码,选择"面向 90 方向"。 点开"面向 90 方向"中隐藏的方位表,可以看到"90 方向"就是朝向右边。

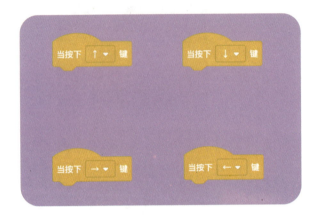

▶ 将"面向 90 方向"组合在"当按下→键"下。

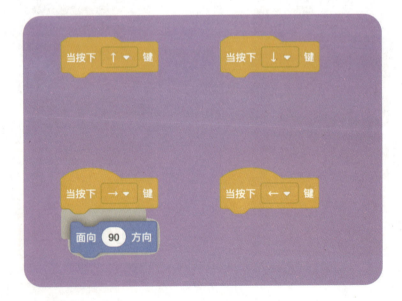

同样的方法，可以应用到
另外三个按键中。

▶ 现在四个按键对应的都是 90° 方向，下一步需要对"事件"类代码控制的方向进行具体的调整。

▶ 如果希望按键盘的"↑"键后，角色面向舞台区上方，就需要在"当按下↑键"下方的方向控制中点开方位表，并且调整到"0"方向。

▶ 如果希望按键盘的"↓"键后，角色面向舞台区下方，就需要在"当按下↓键"下方的方向控制中点开方位表，并且调整到"180"方向。

▶ 如果希望按键盘的"←"键后，角色面向舞台区左方，就需要在"当按下←键"下方的方向控制中点开方位表，并且调整到"−90"方向。

▶ 这样操作后，四个方向键控制瓢虫方向转换的代码组合就完成了。

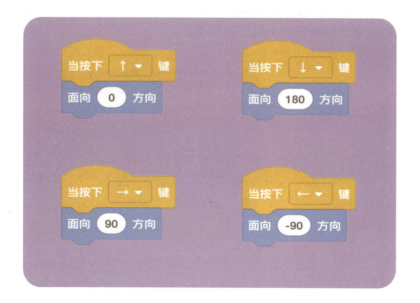

▶ 现在按下键盘上的任意方向键，测试瓢虫是否按照计划在转换方向。

▶ 现在试试让瓢虫在舞台中爬动。

▶ 由已有的代码组合开始，只要加入"移动10步"在每一个代码组合后，就可以使用方向键控制瓢虫向不同方向爬动了。

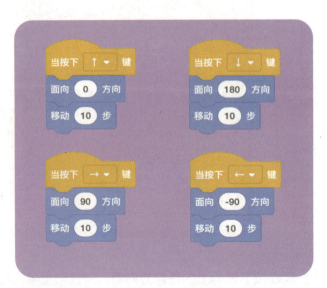

想一想：如果现在想改变每一次方向控制移动的步数，应该怎么办呢？

▶ 可以把每一个"移动 ⬭ 步"里的数字"10"变成"25"，这样用方向键控制，瓢虫的爬动幅度更大些。

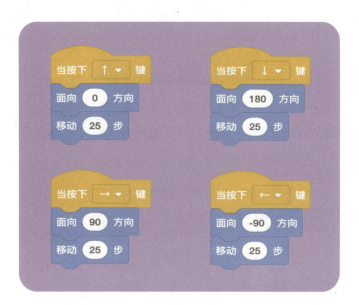

但每次需要调整瓢虫的步伐时，四个一样的移动步数代码块都需要进行修改，这样太麻烦了，有什么简便方法吗？

当然有！代码块的作用就是将事件按照逻辑拆分，并且最终让事件简单化。

▶ 这时需要用到"事件"种类代码中的"广播"代码块。"广播"代码块代表事件发生后进行宣布。

▶ 首先将"移动 25 步"代码块移开，只保留用方向键控制瓢虫方向的代码组合。

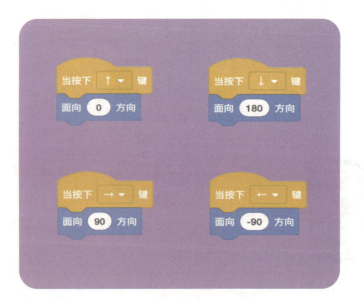

 注意: 点击并拖动"移动25步"至代码列表区，这个被选中的代码块就会在代码编辑区自动消失。

选择"事件"中的"广播",设计为当角色"瓢虫"转换方向就广播出来。

首先选择"广播消息1"至空白工作区。

点开下拉选项,
点击"新消息"

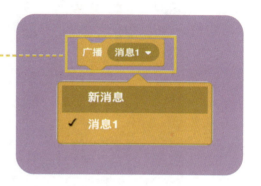

进入文字输入页面,
输入"转向啦",
并确定。

此时代码块变成
"广播转向啦"。

▶ 然后将"广播转向啦"组合到之前代码组合的下方。

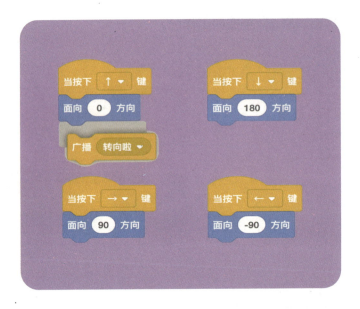

 注意:当"转向啦"在消息中输入后,下一次下拉选项中会出现这个消息,新的广播代码块可以直接对同样的消息进行选择。

在代码列表中修改"广播消息 1"为"广播转向啦"，然后分别连接到工作区中的所有代码组合。

现在，每次按下方向键，角色"瓢虫"会转向，并且在程序中广播"转向啦"。

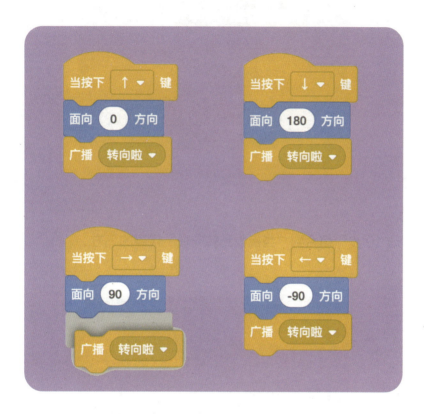

现在选择移动"当接收到消息 1"事件代码块至空白工作区。

下拉选择"转向啦"作为消息。

将"移动 10 步"组合到"当接收到转向啦"代码的下方。

此时每一次角色"瓢虫"的转向，都会向程序发出"转向啦"的信号，只要程序接收到了"转向啦"的信息，就会移动 10 步。

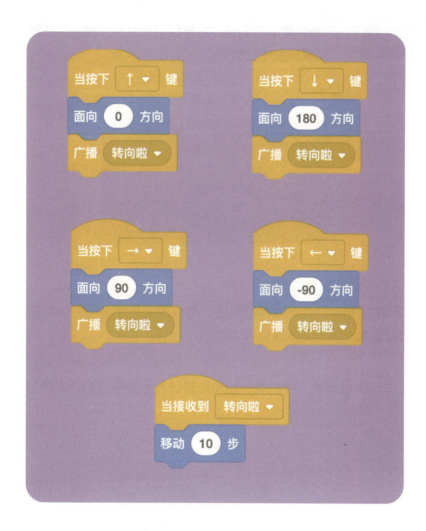

现在试一试按下方向键，是不是与之前组合出来的方向键分别控制转向和移动的代码组合是同样的效果?

现在这样组合的好处在于，如果希望通过修改移动步数来改变瓢虫的速度，会变得非常简单。只需要输入一次，就可以改变所有方向键控制的移动步数了。

▶ 修改移动步数到 50 步并按下方向键，就可以看到角色"瓢虫"非常快地移动。尝试不同的数字，观察舞台中的变化。

▶ 使用不同的"事件"代码块控制程序，可以改变程序与用户的互动反应，比如对用户在键盘上按下的任意键做出反应。

▶ 如使用"当 ▶ 被点击"代码块，也可以设计当整个程序启动时的互动。

使用"控制"种类的代码，可以完成很多种不同的任务。

比如重复一项指令，等待一段时间后再进行一项指令。

运行"如果"条件下的代码，判定正确与否进入下一个环节。

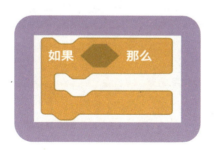

这些都可以通过组合"控制"代码块来实现。

同样，"控制"代码块也可以实现对应角色的克隆，也就是生成很多该角色的复制品。这样的"控制"代码块可以增加程序的多样性。

现在来做一个魔法棒与一道闪电。

 首先拖动闪电到合适的位置，让闪电看起来像是从魔法棒中喷出来的。

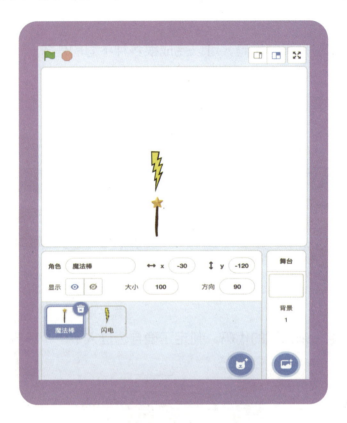

想一想：怎么组合代码块，可以在点击魔法棒的时候让闪电冲出来呢？

 这里涉及了两个角色，所以不能简单使用"当点击魔法棒"这个指令。

▶ 首先确认角色"闪电"被选中，然后进入"控制"种类代码。

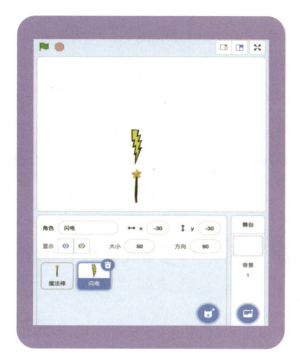
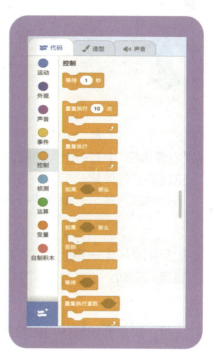

▶ 选择并将"重复执行"代码块拖动至空白工作区。

"重复执行"使角色一直重复执行一个指令，除非程序关闭，否则它会一直重复做指令。

▶ "重复执行"中有一个大凹槽，可以将需要的代码块嵌进里面被"重复执行"包围。这代表着程序启动后将一直重复做被"重复执行"包围的指令。比如："重复执行播放声音""重复执行右转"等。

▶ 如果希望闪电一直跳动，可以使用"重复执行""移动 10 步"，闪电就会一直向右移动。

▶ 注意：如果要改变闪电的位置，可以选择将闪电的 x 坐标增加 10，闪电也会向右移动。

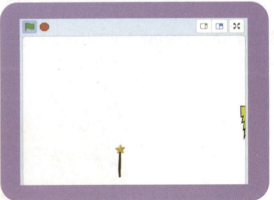

小贴士：舞台上的所有物体都是有位置的，它就像坐标系一样，有自己横向与纵向的位置数字代码。横向位置用 x 来表示，纵向位置用 y 来表示。每一个物体都有自己的 x 与 y 数值，代表自己在舞台当中的位置。

这样的数值也让物体的位置被更准确地表达出来。

▶ 首先在角色栏中将闪电的 x 与 y 数值调整为 −30。

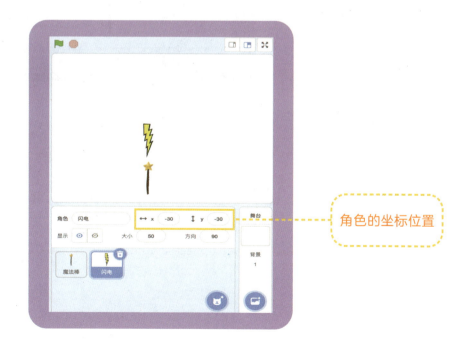

角色的坐标位置

 先注意闪电的初始 y 数值，然后在工作区中点击"重复执行"代码，重复执行的内容为"将 y 坐标增加 10"。在代码启动后，可看到闪电慢慢向上移动。

同时注意观察角色栏中 y 的数值变化，在按照指令以 10 的倍数来增加，也就意味着，改变 y 值的时候，角色会纵向移动。

 练习：每一次点击魔法棒，会有新的闪电出现，并往上方发射。

▶ 首先在"控制"代码中找到"当作为克隆体启动时"并移动至工作区空白处。

什么是克隆体？

一个与原先的物体具有完全一样性质与特征的物体。

▶ 因为需要每一次点击魔法棒时，出现一个闪电克隆体，闪电本体不能够一开始就出现，因此在程序启动时要隐藏闪电。

所以步骤为：1. 程序启动时，隐藏角色"闪电"。2. 每一次点击魔法棒时，出现一个闪电克隆体往上方发射。

因此需要添加两个条件："当 🚩 被点击"与"当作为克隆体启动时"。

并将"外观"中的"隐藏"与"显示"分别对应在这两个"事件"中。

小贴士：注意，闪电克隆体的每一次出现都需要在同一个位置。可使用"运动"中的代码"移到 x：⬭ y：⬭"。

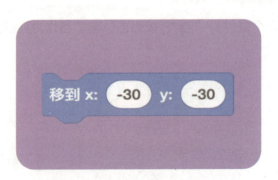

▶ 这个代码块上会初始设定 x 和 y 的数值为角色当前的 x 坐标值与 y 坐标值。因此，不需要额外的编辑，可以直接将这个代码块连接在"当作为克隆体启动时"代码组合的最下方。

▶ 现在，根据工作区的代码组合，启动程序后，每一次有闪电克隆体出现时，它就会出现在同一个位置，并且向上发射、重复运动直至离开舞台。

▶ 根据这个逻辑，把"重复执行"的代码组合加入"当作为克隆体启动时"的代码组合下面。

最后一步，需要组合发出指令：当点击魔法棒时，出现一个闪电克隆体。因为此时魔法棒是主角，所以切换角色至魔法棒。虽然刚刚对角色"闪电"编辑了很久，并且在闪电的工作区里有很多代码组合，但是切换角色至魔法棒后，魔法棒的工作区是空白的。因此，每一个角色有自己的工作区与代码组合，互相不干涉。

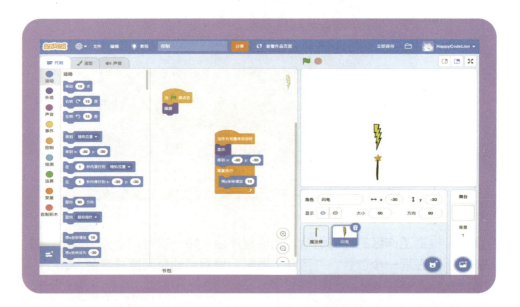

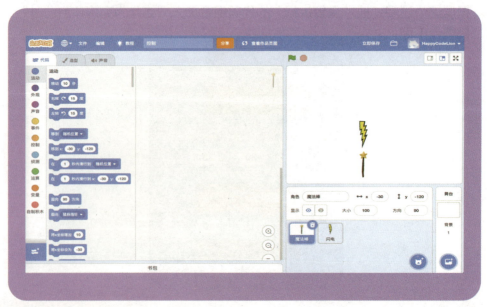

▶ 如果需要两个角色产生相互作用，则需要一些额外的简单步骤。

▶ 进入角色"魔法棒"的工作区，选择代码列表中的"当角色被点击"。再在"控制"中找到"克隆自己"，并连接到"当角色被点击"。

▶ 点开"克隆"后的下拉选项，选择角色"闪电"。

小贴士：可以克隆的对象为角色，因此在下拉选项中列出了角色列表中的所有角色。

111

现在，当点击角色"魔法棒"时，根据角色"魔法棒"工作区中的代码组合，会产生克隆的闪电。

而启动克隆的闪电后，根据角色"闪电"工作区中的代码组合，这个克隆的闪电会出现在 x 坐标为 −30、y 坐标为 −30 的位置，并且按一定速度重复执行向上移动，一直到从舞台中消失。

"侦测"种类的代码可以用来察觉信息。

观察"侦测"类代码块，你会发现这些代码块的形状与其他的代码块不一样。

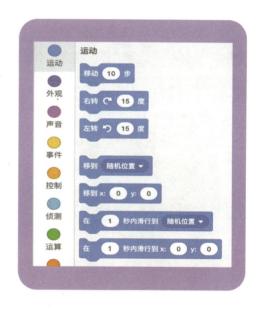

观察"运动"种类代码块，它们主要是带凹槽和凸起的圆角长方形。

113

而"侦测"类代码块左右两端有突起的边缘。它们主要是六边形，也有两端为半圆形的长条形。

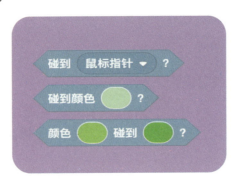

六边形的代码块是用来放在"控制"类的代码块中充当条件使用的。比如下图中"如果""直到"的"控制"代码块，中间有六边形的空白处用来嵌入条件。六边形的"侦测"代码块则是代表判断一个指令的真假条件。

小贴士：在六边形代码块中文字的最后会有一个问号，所以这个代码块会被分析变成"是"与"否"两个结果。将这样做判断的代码块加入"如果"的"控制"代码块中，可以成为它的判断条件。

另外一种"侦测"代码块——两端呈半圆形的代码块代表"值"，比如代表准确的数字。

▶ 打开上一节完成的文件"控制"。

如何找到以前保存的文件呢？

▶ 首先点击右上角自己注册的账号名字，在下拉选项中选择"我的项目"。

▶ 进入页面后找到"控制"并点击"编辑"。

▶ 添加一个新角色"蝙蝠",并将它放置在魔法棒的正上方。现在试一试让魔法棒向蝙蝠发射出闪电,当闪电击中蝙蝠时,闪电消失,并且蝙蝠说话。

小贴士：使用"侦测"种类的代码块，事实上是让一个事物对另一个事物做出反应。

▶ 选择角色"蝙蝠"，找到"控制"代码块中的"如果 ⬣ 那么"代码块，将其移动至空白工作区。

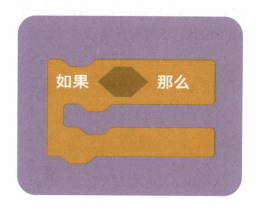

▶ "如果 ⬣ 那么"代码块中间的六边形空格是用来放置"侦测"代码块的。在这个地方，根据侦测判断出是与否，按条件筛选是否执行接下来的指令。

▶ 回到"侦测"代码，找到"碰到 ⬭ "代码块，并在下拉选项中选择"闪电"。

▶ 将六边形代码块移动至"如果"代码块中的空白处，当空白处出现白色粗线时，就意味着找到了合适的位置。这时松开鼠标，"侦测"代码块会嵌入到代码组合中。

▶ 按照现在的代码组合，角色"蝙蝠"在碰到闪电时会有一些行为发生。如果要让蝙蝠碰到闪电时，克隆的角色"闪电"消失，需要使用"广播"。

▶ 首先打开"事件"，并找到"广播消息 1"。

▶ 修改广播的新消息为"闪电击中蝙蝠"。

▶ 现在，当闪电击中蝙蝠时，蝙蝠会发出自己被击中的广播。

▶ 接下来需要角色"闪电"对"闪电击中蝙蝠"广播做出反应。

▶ 选择角色"闪电"，并在"事件"代码块列表中找到"当接收到"代码块。

▶ 在"控制"中找到"删除此克隆体"，并组合在"当接收到"下方。

▶ 现在点击魔法棒试一试新的代码组合。

▶ 但是你会发现闪电碰到蝙蝠后还是穿过了蝙蝠，而不是按照设计消失掉。

 编写程序的过程中，经常会发生设计与编写出现误差的情况。这时，请放松，并仔细察看自己编写的程序在哪一部分出现了问题。

▶ 这是怎么回事呢？

▶ 回到角色"蝙蝠"的代码工作区，你会发现代码块组合的两个问题：

1. 缺少条件指令。
2. 蝙蝠的代码组合中的"条件"指令
需要被重复才能一直进行分析判断，
并发出广播。

从"控制"中找到"重复执行"，并从上方靠近原本的代码组合，"重复执行"将会包裹原本的代码组合。而原本的"如果"条件代码块，会成为"重复执行"的部分。

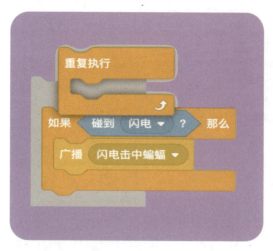

再将"当 🏴 被点击"放在组合上方，填补"重复执行"上方的凹槽，变成完整的代码组合。

 现在，先点击绿色旗子启动程序，然后再点击魔法棒。闪电会向蝙蝠发起攻击，击中蝙蝠，闪电消失。

"侦测"代码块为我们提供值。一些值代表"对""错"，或者有关"是""否"的问题 —— 比如是否靠近了蝙蝠、是否是红色等。

3.6 运算

"运算"代码块让"如果"代码块变得更加灵活。比如，不仅仅是判断对或错，是或否，或者得出一个问题的答案。

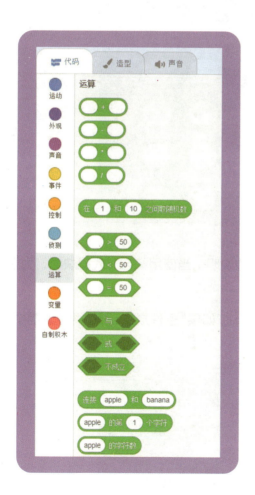

"运算"类代码块在 Scratch 中用绿色代码块表示

123

▶ 用"运算"代码块，你可以检查一个数是大于、小于或者等于另一个数，可以得到任意数字，甚至可以进行数学运算，比如加、减、乘、除。

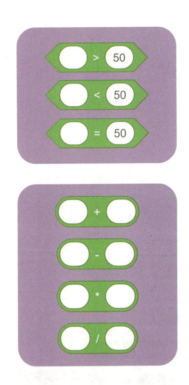

▶ 你可以联合不同的对与错的说明。当使用"与"代码块时，为了让"如果"条件成立，两个说明都需要是正确的。

▶ 当使用"或"代码块时，为了让"如果"条件成立，那么两个说明中要有一个成立。

▶ 当使用"否"代码块时，为了让"如果"条件成立，那么需要说明不成立。

▶ 通过"运算"类代码块，很多不同的数据，或者信息可以被判定。

试一试：延续上一课的工作文件，点击删除角色"蝙蝠"。现在，组合工作区以下代码块，根据代码组合分析舞台中会出现的情景。

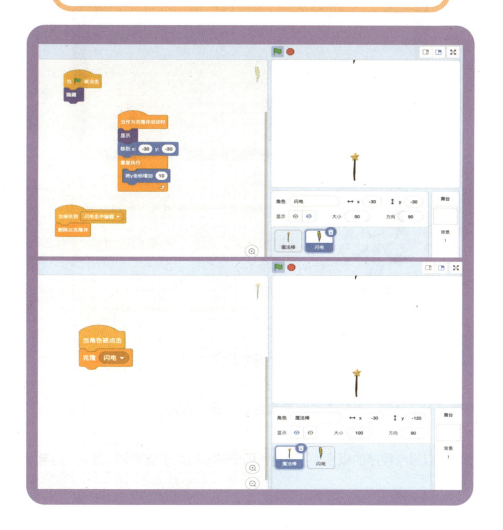

点击"开始"验证你的推论。

观察舞台,你会发现,点击魔法棒,闪电将向上发射,并且会停留在舞台上方。

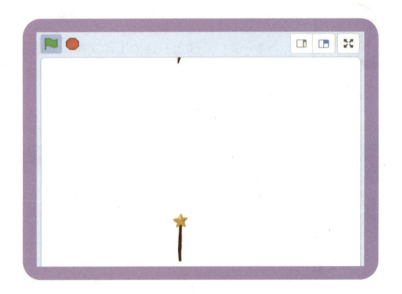

如果想要在闪电射出到舞台边缘后消失,应该怎么做?

检查角色"闪电"的 y 值是否大于特定的数字。

为了找到这个值,首先需要明确舞台的坐标中点为(x:0,y:0)。

所以可以思考程序的概念为:当角色闪电的 y 值大于 200 时,角色"闪电"消失。

试一试：程序代码块应该怎么组合呢？

▶ 第一步：在"控制"代码块中找到"如果 ◆ 那么"代码块，选择并拖动到工作区中。将代码块放置于"重复执行"代码块中间，组合在"将 y 坐标增加10"代码块的下方。

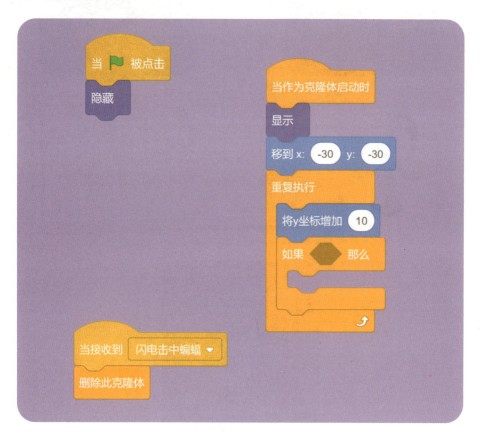

▶ 在这个"如果 ◆ 那么"代码中，检验 y 值是否大于 200。

第二步：进入"运算"代码中，选择拖动六边形的"大于"代码块。六边形的代码块可以嵌入到"如果 ⬣ 那么"代码块的条件中。

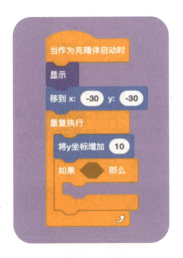

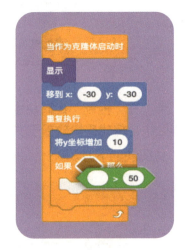

"大于"代码块可以帮助查看一个值是否大于另一个值。怎么在代码块中表示角色"闪电"的 y 值呢？

第三步：在"运动"中找到"y 坐标"。将它放置在"大于"代码块中左边的椭圆形中。

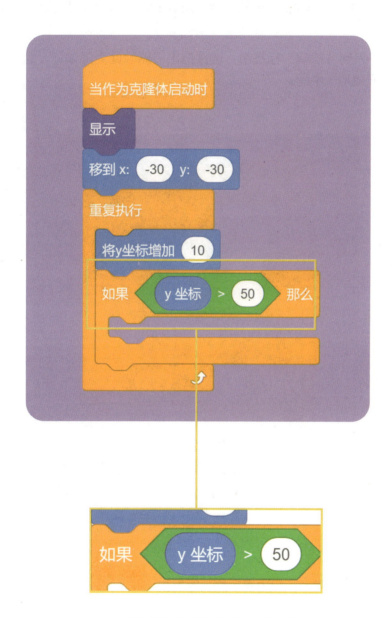

在右边椭圆形中输入"200"

▶ 需要程序在判断 y 坐标大于 200 后，删除发射出来的克隆闪电。

▶ 第四步：来到"控制"标签中，选择拖出"删除此克隆体"，组合在"如果 y 坐标大于 200"中间。

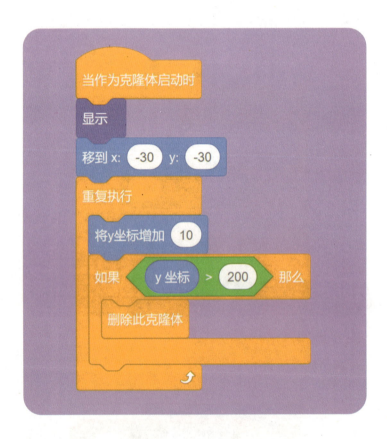

▶ 现在，当程序开始后，点击魔法棒，发射出来的闪电会到达上方边缘后消失。

如果需要让闪电在舞台上提前消失，可以改变"大于"中的数字。尝试输入"150"，舞台中闪电会更早地消失。

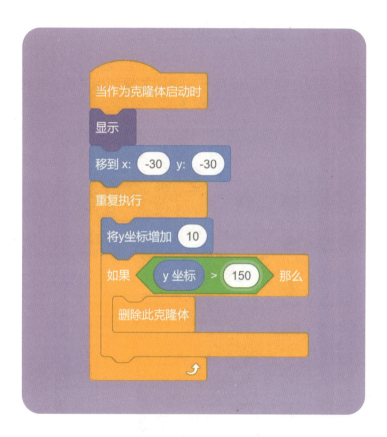

现在与一开始的代码组合进行比较：点击"开始"，可以看到发射出来的闪电向上移动并消失，而不是停留在上方边缘处。

总结：在代码块中的椭圆形空格，比如"移到 x：◯ y：◯"，是为了放置"运算"标签下的代码块或值。

3.7 变量

接下来将进行关于"变量"类代码块的学习。

"变量"类代码块让你可以保存一些需要重复利用的值，或者跟踪这些值。

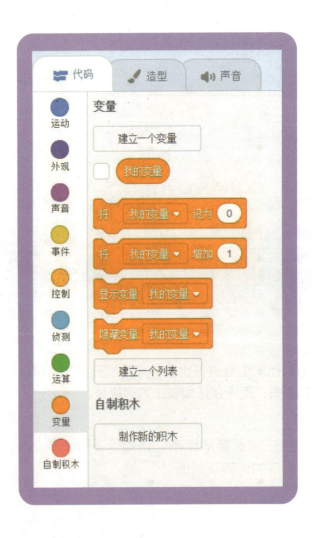

 将变量想象为玩家在一盘游戏中获得的分数。这个游戏分数是被保存的，并且当你赢得更多盘游戏时，分数会上升。简单来说，这就是变量在代码中的意义，也是 Scratch 中变量应用的基础。

 现在在代码分类中找到"变量"选项。在这里，你可以找到创建变量的代码块。

 "变量"也可以认为是类似圆形的代码块，可以组合在数字选项的空白处。

在当前的程序中，每一次想要修改闪电消失的位置都需要在代码组合中改变数值。有没有更简便的实现这种变化数值的方法呢？

 "变量"是用来解决变化数值的问题的。点击选中"我的变量"前面的复选框，舞台左上方出现了"我的变量"与数值，现在初始设定数值为 0。

√ 我的变量

▶ 选择"我的变量"代码块嵌入到数字选项中，代替之前输入的"150"。

现在，闪电不会在 y 值达到 150 时消失了。代码块"我的变量"将代表数值"0"，除非改变变量的值。

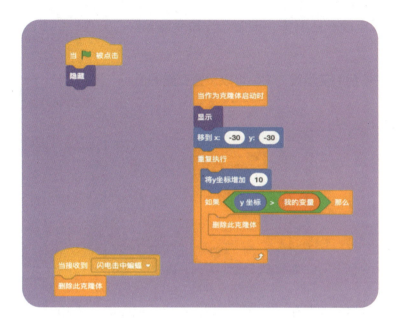

来看一下当前程序的效果。

现在的代码组合会检测闪电的 y 值是否大于变量，而变量为 0。y 值大于 0 后角色"闪电"会消失。

▶ 点击魔法棒，可以看到闪电出现后很快在舞台中消失了。这是因为角色"闪电"的 y 值很快就变为大于 0。

为了让闪电晚一些消失，该怎么设置变量呢？

▶ 代码块"将我的变量设为 0"可以设置变量的值。

▶ 选择它，并将其放置在"隐藏"下方。在输入框中输入"200"。

▶ 现在点击舞台中的魔法棒，闪电消失在舞台边缘。

▶ 如果游戏中有更多其他的角色，不用再次设置"我的变量"，而是使用"我的变量"
代码块代替同样的数值。

▶ 同时你也可以自己创建变量。点击"建立一个变量"，会弹出一个新建变量的
窗口。

▶ 输入"新变量"作为新的变量名称。

▶ 现在选项中出现"新变量"，舞台中也出现了"新变量"的数值显示。

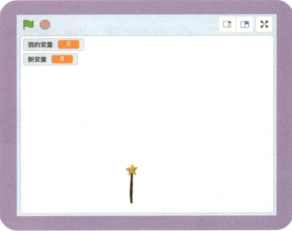

▶ 在工作区中，"将我的变量设为200"代码块也可以下拉设定其他变量的数值。

当你为自己的程序添加了更多代码块后，代码块组合会变得更加复杂，追寻每一步做了什么也变得更加困难。

为了让这件事情变得更加简便，Scratch 添加了"整理与注释"功能。

通过"整理"功能可以移动已经组合好的代码块，使它们在代码工作区中看起来更加有条理。

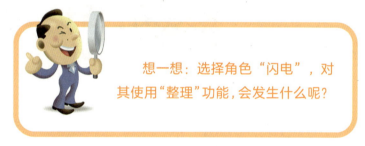

想一想：选择角色"闪电"，对其使用"整理"功能，会发生什么呢？

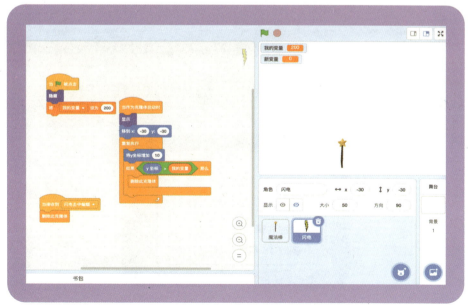

139

在工作区空白处单击鼠标右键，几个选项将会被列出。

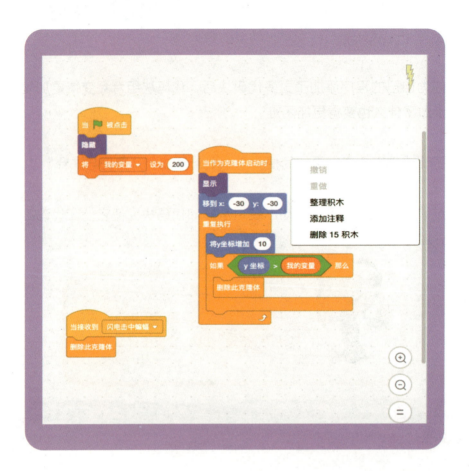

选择"整理积木"选项。

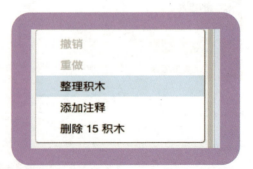

▶ 代码块都移动到了工作区的左上角。每一个代码组合按照顺序规整地放置在工作区中，各自中间留有空隙。

▶ "整理"功能没有改变代码和组合顺序，只是移动整理，让代码更有条理地呈现。同时， 整理后，工作区会有更多空间来放置新的代码。

⊳ 另外，你也可以在 Scratch 中添加注释。

⊳ 比如"我的变量"这个变量代表的是上方的边缘。我们将鼠标移动至代码块上方，
点击右键，选择"添加注释"。

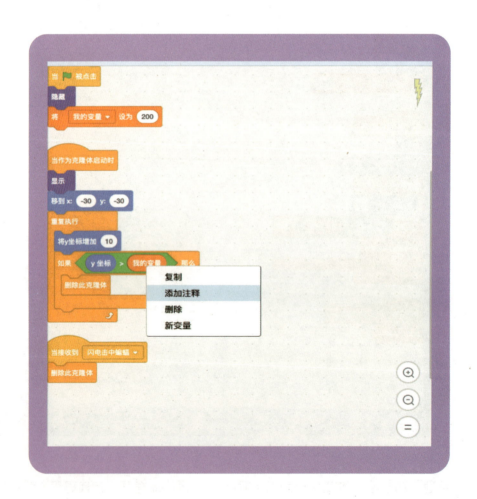

▶ 会弹出一个黄色便签纸条。

▶ 在便签纸条中输入"我的变量是代表上方的边缘的变量。"

▶ 点击工作区空白处，便签纸条缩小为一个小纸条。

▶ 缩小后的便签纸条可以移动并固定至任意代码行的右边。注意：纸条与我们一开始选中的"我的变量"代码块有一条细线关联，代表纸条在解释这块代码。

▶ 可以移动小纸条至工作区的任意位置，防止挡住代码块。

现在，带有注释的代码组合整理完毕。使用"整理"以及"注释"功能，可以更好地找到自己做的所有代码操作。

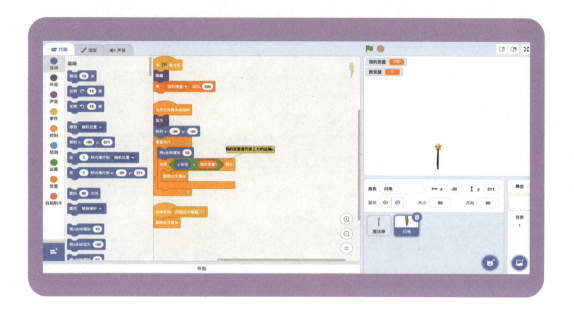

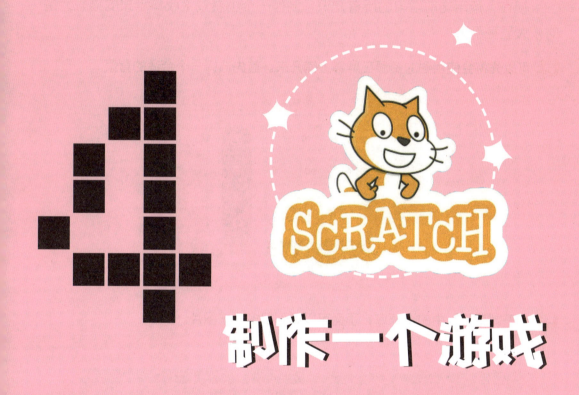

制作一个游戏

4.1 收集苹果的猫

现在，运用之前学习的所有知识，制作一个小游戏《收集苹果的猫》。是时候大显身手了！

▶ 可以先将会使用到的资源在屏幕上铺开来。首先选择一个合适的背景。

▶ 点开"背景"中的资源库，里面可以看到很多背景图片。

▷ 向下方滚动页面，找到"Desert"背景。

Desert

小贴士：在自己制作游戏时，选择其他的背景也是可以的。

▷ 回到制作页面，刚刚选择的背景已经成为舞台区的背景。

调整角色猫的位置到舞台左下方。

角色猫的大小在画面中偏大，所以在角色选项中调整大小至 70。

▷ 添加一些其他的角色——苹果与石头。

▷ 点击"选择一个角色"进入角色资源库,选择角色"Apple"。

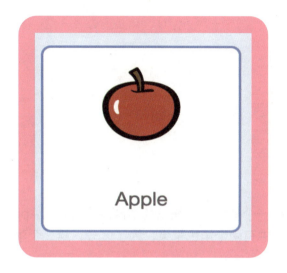

▷ 移动这个角色苹果至舞台上方。角色苹果将成为游戏上方掉下来的苹果的克隆模板。

▶ 另外，需要创建另外一个角色苹果来记录分数。

想一想：为什么需要另外一个角色苹果来记录分数？

因为会在第一个角色苹果上添加代码，复制很多个并且从舞台上方掉落，这些苹果不能用来记录分数。因此需要创建一个新的角色苹果来记录分数。

▶ 再次点击"选择一个角色"，在角色资源库中找到"Apple"并移动到舞台左上方。现在舞台中有两个角色苹果，为了区分，第二个苹果的角色名称自动成为"Apple2"。

▶ 调整两个角色苹果的大小至 65。

▶ 下一步，需要添加新的角色石头。

▶ 点击"选择一个角色"进入角色资源库，选择角色"Rocks"。

 如果比较难找到，可以在搜索栏中输入角色名字"Rocks"快速寻找。

 角色石头出现在舞台中，试试移动角色石头至角色猫的上方比较两者的大小。

▶ 适当修改角色石头的大小。石头越大游戏难度越大，石头越小游戏就越简单。暂时将石头大小调整为 80。

▶ 现在，游戏中所有需要的角色与背景就设定好了。

4.2 让角色动起来

接下来，要让角色猫走动起来。首先确定角色栏中的角色猫被选择。

▶ 进入"事件"标签，选择"当 ▶ 被点击"。

▶ 依次拖动两个"当 ▶ 被点击"到代码工作区，作为两个代码组合的开头。一个将控制角色的移动，另一个将改变角色的造型。

▶ 进入"控制"标签，选择"重复执行"，拖动两个"重复执行"并分别放置在两个"当 ▶ 被点击"的下方。

▶ 找到"如果 ◆ 那么"代码块，放置两个在上方代码组合的"重复执行"中。

▶ 这两个"如果 ◆ 那么"将分别完成"如果按下左键，那么角色猫往左走""如果按下右键，那么角色猫向右走"的控制。

▶ 同样，选择"如果 ◆ 那么"放入下方代码组合的"重复执行"循环中。这个代码块是为了进行"如果按下任意按键，那么角色猫改变造型"的操作。

接下来，进入"侦测"种类的代码块。找到"按下空格键？"代码块，修改中间的"空格"为"←"，并把它移动放置在最上方的"如果 ◆ 那么"中。

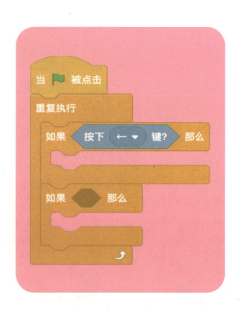

同样，修改代码为"按下→键？"并放置在第二个条件代码中。

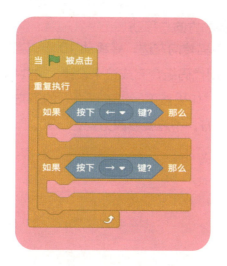

将同样的代码块移动到最下方的"如果 ◆ 那么"中。这一次判定条件不是单一按键，而是任意按键。下拉并选择"任意"。这意味着按下任意按键，角色猫都会变换造型。

接下来，设置角色猫的方向与移动。

当左键被按下，角色猫转向左边，并移动 10 步；当右键被按下，角色猫转向右边，并移动 10 步。使用代码组合完成这个设计，需要将"面向 90 方向"与"移动 10 步"按顺序组合在"如果按下→键？那么"的下方；使用同样的组合在"如果按下←键？那么"的下方，不过要修改方向为 −90。

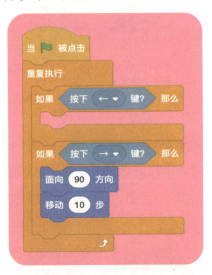

此时先点击舞台左上方的绿色旗子启动程序，然后按下左键或右键控制角色猫的移动。

▶ 但是你会发现，按下左键之后，角色猫却翻转过来了。

▶ 这是因为角色猫的翻转设置不符合当前的需要。在角色猫的角色栏中，找到方向，并点击中间的选项"左右翻转"。

▶ 现在角色猫只会进行左右方向的翻转了。

▶ 用左右键操作角色猫，它已经可以按照要求任意地左右移动了。这时需要设置角色猫移动时的造型，让它看起来在走路。

▶ 首先按下红色按钮停止当前的程序。在"外观"代码中选择"换成造型2造型"加入代码组合。

▶ 进入"控制"代码，选择"等待1秒"，并修改为"等待0.15秒"。这样变换的"造型2"在很短的时间内会变回原本的造型，并等待下一次按键。这样可以做成一个动画循环效果。

▶ 选择"换成造型 1 造型"加入代码组合，并在其下面加入"等待 0.15 秒"代码。

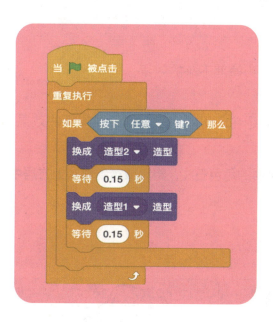

▶ 现在，角色猫已经成功地完成左右走动的设置，并能够变换走路的造型。

下一步是制作石头掉落下来的效果。

使用同样的代码组合，可以用来制作苹果掉落的效果。

▶ 首先，移动舞台中的角色石头，将其放置到舞台上方居中的位置。

▶ 移动角色石头时观察角色信息栏中的 x 与 y 部分。可以发现，往上移动时 y 的数值变大，往右移动时 x 数值变大。x 为 0，y 也为 0 时，角色石头位于舞台正中央。

▶ 将角色石头移动到舞台中间的最上方。此时 x 为 0，y 为 165。

这个角色石头并不需要显示出来，而是需要设置它成为掉下来的克隆石头的模板。

确认角色石头被选中，进入"事件"代码，并选择"当 🚩 被点击"，将其移动至代码工作区。在这里，一开始需要将角色石头隐藏起来。因此使用"隐藏"代码块。

为了确认角色石头的位置，进入"运动"代码，选择"移到 x：◯ y：◯"。

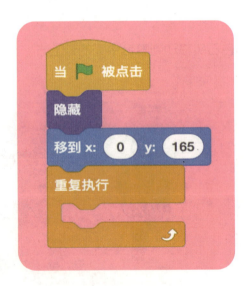

再加入一个"重复执行"代码块，以实现每1秒产生一个新的克隆石头的效果。

▶ 在"重复执行"中，加入"等待1秒"和"克隆自己"代码块。

▶ 这样，每1秒钟会产生一个新的克隆石头。

▶ 在角色石头中开始编写另一个代码组合，以"当作为克隆体启动时"作为代码组合开始运行的条件。在之前的代码中已经隐藏了原本的角色石头，为了让克隆体显现出来，首先需要在设置克隆体的代码组合中加入"显示"代码。

为了让这些克隆石头随机下落，需要设定克隆体的 x 值为任意数。为了得到任意数，需要在"运算"代码中，选定"在 1 和 10 之间取随机数"，再修改随机数为"在 −180 和 180 之间取随机数"，也就是舞台的左右两边的数值。

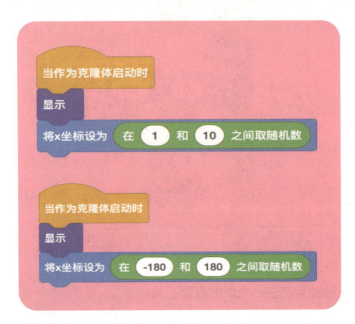

在克隆体组合代码的控制下，克隆石头将在舞台上方任意位置出现。

现在，使用循环代码"重复执行"来确保克隆石头出现后能一直向下移动。

▶ 在"重复执行"中加入"将y坐标增加10"的代码。

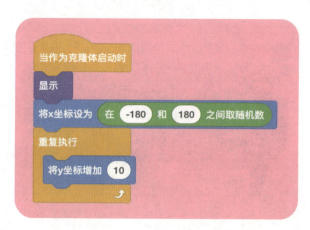

▶ 此时点击绿色旗子启动程序，观察舞台与出现的效果，可以看到克隆石头往上
移动。为了让它向下移动，修改"重复执行"中的代码为"将y坐标增加-10"。

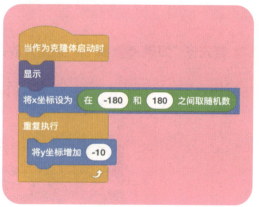

此时正数为向上移动，负数为向下移动。

▶ 现在一个个克隆石头将从舞台上方落下，最终停留在地面上。

▶ 为了让石头落到地面后消失，需要使用条件判断的代码块，完成"如果 y 值下降到一定数，那么石头消失"的设定。

▶ 首先将"如果 ◆ 那么"选定并放在"重复执行"指令中。

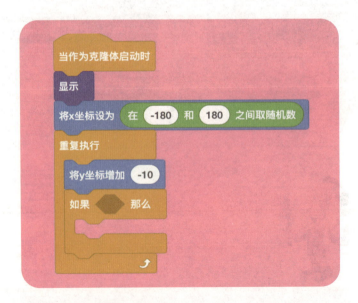

▶ 在如果条件中选择小于的"运算"代码块。

▶ −180 是舞台最底部的 y 坐标值，我们需要 y 值小于 −179 时消失。因此设计以下判定条件。

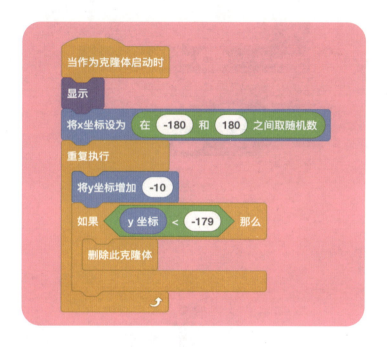

注意：因为此处是控制克隆体，所以不能"隐藏"，而是"删除此克隆体"。

此时点击绿色旗子启动程序，石头掉落到地面后将会消失。你可以调整 y 坐标的数值来控制石头消失的时机。修改数值为"−175"，克隆石头将会消失得更加自然。

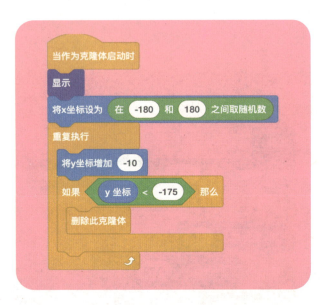

　　所有下落的克隆石头都有着同样的下落速度，怎样让下落速度更加自然和随机呢？添加随机的元素可以让出现的每一个克隆石头以不同速度下落。

▶ 确定选中角色石头，然后进入"变量"代码中，设置一个新的变量。

▶ 选择"仅适用于当前角色"，输入变量名称为"速度"。

▶ 现在可以看到，变量"速度"出现在代码区域中。

▶ 设置一开始下落速度为 −10。选择"将速度设为 0"代码块至"隐藏"代码块的上方，修改数字为 −10。−10 也被设置成了初始速度。

▶ 现在需要将每一个出现的克隆石头的速度设置成随机。

▶ 在"重复执行"的循环中加入"将速度设为 0"。进入运算代码中，选择"在 1 和 10 之间取随机数"代码块组合代替数字"0"。

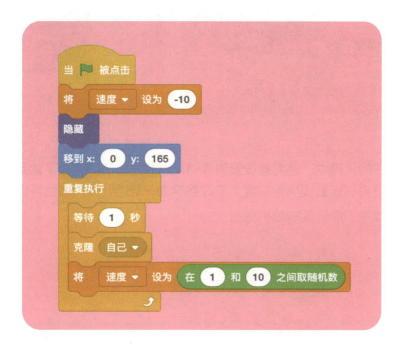

如果此时因为代码太长导致旁边代码组合重叠，可以选择拖拽起始代码块，移动整个代码组合至旁边。移动代码组合不会改变程序。

回到现在的代码中，速度被设置为 1~10 中的任意值，但为了达到下降效果，我们需要将其设置成负数速度。修改数字为 −15 至 −5。你也可以自己设置这些数字改变下降速度的随机范围。

现在，每一次出现速度变量都会出现一个相对应的随机值。

但是你还需要对速度变量的应用进行设置。

进入"变量"选项中，用"速度"代替代码中的数字"-10"。

這樣組合後，克隆石頭的 y 值會由"速度"這個變量控制。之前設定好的速度變量也被成功應用了。

運行程序，現在每一個下降的克隆石頭都擁有隨機性。一些石頭掉落得很快，一些石頭掉落得很慢。

嘗試使用左右方向鍵控制角色貓，躲開掉落的石頭。如果覺得難度太大的話，可以修改速度變量中的數字範圍。不過有難度玩起來也更有趣。

现在石头会随机下落，你也可以控制角色猫左右移动躲避下落的石头。但是角色猫和下落的石头之间没有联系。

你需要将"下落的石头砸中了角色猫"设置为游戏结束的判定条件。

▶ 首先打开角色石头的代码工作区，在代码的重复执行环节中确认石头是否砸中了角色猫。进入"控制"代码，选择条件代码，将其加入控制克隆石头的代码组合中。

进入"侦测"代码，选择"碰到鼠标指针？"的判断条件，将"鼠标指针"改为"角色1"，也就是角色猫。

判断条件出来了，如果石头碰到了角色猫，设置石头到角色猫的前方，并结束游戏。结束界面显示为角色猫说"哎呀"且播放结束游戏的声音。

首先进入"外观"代码，找到"移到最前面"并设置为判断结果。

▶ 然后进入"声音"代码，选择"播放声音pop"。"pop"是当前的初始声音效果。

当作为克隆体启动时

显示

将x坐标设为 在 -180 和 180 之间取随机数

重复执行

将y坐标增加 速度

如果 y 坐标 < -175 那么

删除此克隆体

如果 碰到 角色1 ▼ ？ 那么

移到最 前面 ▼

播放声音 pop ▼

如果想要试听声音，可以在代码区域点击"播放声音pop"，试听pop的声音效果。

代码   造型   声音

运动   声音

外观   播放声音 pop ▼ 等待播完

播放声音 pop ▼

声音   停止所有声音

事件

将 音调 ▼ 音效增加 10

控制

将 音调 ▼ 音效设为 100

侦测

清除音效

同时，找到广播事件的代码块，在石头撞到角色猫时播放广播，让角色猫接收到自己被撞的信息。

下拉并添加新消息"撞到了"。

广播信息设置完成后，需要设置石头停止移动。进入"控制"代码，添加"停止全部脚本"到判定后的程序中。将"全部脚本"下拉换成"这个脚本"。

这样，代码会让撞到角色猫的石头不再继续下落，并且停留在角色猫头上。撞击动作中石头部分的代码就结束了。

现在进入角色猫的代码工作区。

▶ 为了处理接收到的角色石头发出的"撞到了"的信息，需要进入"事件"代码，选择"当接收到撞到了"信息。

▶ 游戏结束,所有的角色都需要停止移动,角色猫也不例外。选择"停止全部脚本",因为需要角色猫说"哎呀"表示游戏结束,所以将其修改为"停止该角色的其他脚本"。

▶ 添加"说你好！2秒"。修改为"说哎呀0.25秒"。

添加"等待 0.5 秒"，添加"停止全部脚本"的代码块，使游戏彻底结束。

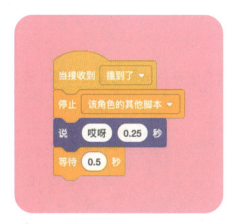

在石头撞击到角色猫后停止所有脚本，然后游戏结束。但是设计游戏的过程当中，需要有环节告诉玩家游戏结束，再停止程序。因此组合代码时，在游戏结束后以及程序彻底结束前设计了先让角色猫提示玩家游戏结束的环节。

下一步需要设计苹果像角色石头一样被克隆并且从舞台上方掉落。不同的是，角色猫碰到苹果则会增加分数。

▶ 选择角色"Apple"，也就是第一个苹果角色进行编辑，组建苹果下落的代码组合。

▶ 与设置石头的逻辑一样，代码组合开始为"当 ▶ 被点击"，然后角色苹果隐藏。
设置苹果的初始位置 x：0，y：180。

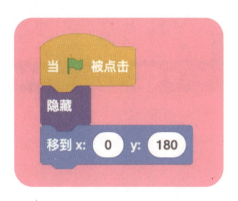

▶ 设计一个重复执行代码，每 0.4 秒产生一个克隆苹果。

克隆苹果产生之后便会显示出来，然后改变克隆苹果的 x 值为 −180 到 180，也就是舞台的最左边到最右边。

设定一个重复执行代码，设置苹果的速度为 −7。当克隆苹果下落到舞台底部时，便会消失。

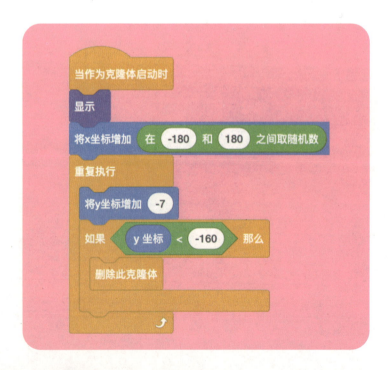

下一步需要判断角色猫是否碰到苹果，添加条件"如果碰到角色1？那么"，则"播放声音 Chomp"。

如果想换掉代码中初始设置提供的"Chomp"声音，需要进入"声音"标签。

点击"选择一个声音"。搜索"Ya"。

回到代码区,点击播放声音的代码块,下拉选择"播放声音 Ya"。

▶ 然后新增"广播得分"。

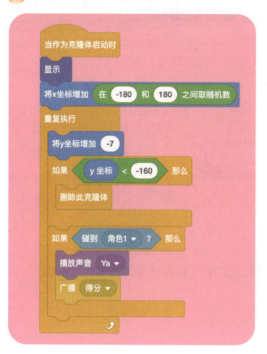

▶ 删除这个克隆苹果。

▶ 下落的角色苹果设置完成之后，进入角色猫的代码工作区，设置角色猫得到角色苹果的反应。"当接收到得分"时，"说耶0.25秒"。

▶ 现在开始程序测试，控制角色猫左右移动，角色猫在碰到苹果时会说"耶"，撞到石头时则游戏结束。

　　游戏制作的最后一步，需要统计玩家触碰到了几个苹果，并且把结果显示在舞台上。

▶ 需要创建一个变量"分数"，用来统计玩家触碰到苹果的数量。

▶ 在角色"Apple2"中，选择"当 ▶ 被点击"。

▶ 在"变量"代码中创建一个变量，这个变量"适用于所有角色"。取消勾选"分数"变量。

如果变量"适用于所有角色"，那么这个变量可以应用在所有角色中，也可以在所有角色的代码工作区进行编辑；如果变量"仅适用于当前角色"，则只能在当前创建变量的角色中进行编辑与应用。在当前游戏的设计中，适用于所有角色或者当前角色没有区别，所以暂时设定新的"分数"变量适用于所有角色。

▶ 设定初始分数为 0。

▶ 为了显示分数，选择"说你好！"代码块，并修改说话内容为"分数"。这样就能够用分数变量代替说话内容。

▶ 现在程序会将分数呈现给玩家了。分数是由角色猫碰到克隆苹果产生的。上一课在角色"Apple"当中设定过，当角色猫碰到克隆苹果，会广播"得分"。

▶ 在角色"Apple2"中，在工作区添加"当接收到得分"代码块。

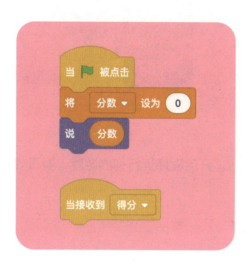

▶ 在代码中选择"将分数增加 1"。不需要额外修改这个代码块，因为当前设定为角色猫每触碰到一个苹果，玩家加 1 分。

▷ 为了让程序在每次加分后都显示新分数，需要在产生新分数的代码组合后面加上"说分数"。

▷ 现在游戏制作完成啦。开启程序运行你的游戏，看看效果吧！

现在游戏已经制作完成，可以将完成的游戏与好朋友分享了！

▶ 点击页面上"发布到社区"按键，进入发布页面。

▶ 在发布页面中，可以添加游戏的名称、简介和操作说明。

▶ 在"操作说明"中解释游戏规则：点击绿色旗子开始游戏。使用左右键控制猫移动，收集掉落的苹果，注意躲开石头。

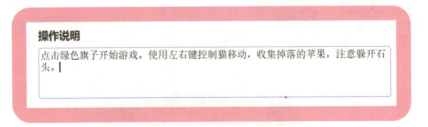

▶ 最后记得把分享二维码发送给家人和朋友，他们就可以来玩你制作的游戏啦。